"十四五"普通高等教育本科部委级规划教材

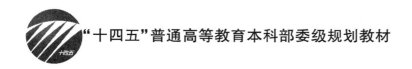

材料化学实验

许伟钦　曹曼丽　主　编

刘青青　胡仁涛　副主编

中国纺织出版社有限公司

内 容 提 要

本书主要内容包括材料化学的基础理论知识、无机材料实验、高分子材料实验和综合设计性实验。基础理论知识部分重点介绍了常用材料的制备和分析方法。

本书可作为高等院校材料学专业师生的教学用书,也可供从事与材料、化学等相关的科研工作者参考和借鉴。

图书在版编目（CIP）数据

材料化学实验／许伟钦，曹曼丽主编 . -- 北京：中国纺织出版社有限公司，2023. 5

"十四五"普通高等教育本科部委级规划教材

ISBN 978-7-5229-0159-6

Ⅰ . ①材… Ⅱ . ①许… ②曹… Ⅲ . ①材料科学–应用化学–化学实验–高等学校–教材 Ⅳ . ①TB3-33

中国版本图书馆 CIP 数据核字（2022）第 239012 号

责任编辑：范雨昕 责任校对：王蕙莹 责任印制：王艳丽

中国纺织出版社有限公司出版发行
地址：北京市朝阳区百子湾东里 A407 号楼 邮政编码：100124
销售电话：010—67004422 传真：010—87155801
http://www.c-textilep.com
中国纺织出版社天猫旗舰店
官方微博 http://weibo.com/2119887771
三河市宏盛印务有限公司印刷 各地新华书店经销
2023 年 5 月第 1 版第 1 次印刷
开本：787×1092 1/16 印张：10.5
字数：189 千字 定价：58.00 元

前　言

　　材料化学是以新材料技术为基础和导向形成的新兴交叉学科，是从化学的视角研究材料的设计与制备、组成与结构、性质与应用的学科。材料化学实验是基于理论与实践而开设的实验课程，目的是巩固材料化学基础理论知识，锻炼材料制备和表征基本技能，培养科学思维方法和科研工作能力，以满足 21 世纪对材料专业人才的要求。

　　随着材料科学的迅猛发展，以往的材料化学实验教材逐渐显示出在实验案例和表征技术方面的滞后性。本书以经典的、实用的材料化学实验案例为基础，与时俱进地增加了一些反映学科前沿特点的新实验，拓宽了师生的科研视野。

　　本书主要内容包括材料化学的基础理论知识、无机材料实验、高分子材料实验和综合设计性实验。基础理论知识部分重点介绍了常用材料的制备方法，如溶胶—凝胶法、水热法、溶剂热法、沉淀法、共沉淀法、电解合成法、化学气相沉积法、固相合成法、自蔓延高温合成法等，还介绍了常用材料的分析方法，如 X 射线衍射法、透射电子显微镜法、扫描电子显微镜法、红外吸收光谱法、激光拉曼光谱法、紫外—可见分光光度法等。实验内容聚焦常用材料的制备、表征和性能测定。材料种类涵盖多孔吸附材料、耐高温涂料、陶瓷材料、磁性材料、荧光材料、电极材料、纳米催化材料、凝胶材料、乳胶漆、功能树脂材料、塑料等，材料应用领域包括环境污染处理、储能技术、化工催化等。

　　本书是广东第二师范学院化学与材料科学学院多位从事材料化学理论和实验教学的教师根据多年教学实践编写而成的。此外，本书还增加了一些根据编者的最新科研成果改编而成的实验案例。

　　本书由许伟钦和曹曼丽担任主编，刘青青和胡仁涛担任副主编。曹曼丽负责基础理论知识和附录的编写，许伟钦、刘青青和胡仁涛分别负责无机材料、高分子材料、综合设计性实验的编写。许伟钦负责全书的策划、组织和统稿工作。

　　本书得到广东省教学质量与教学改革项目（材料化学特色专业）和广东第二师范学院教学质量与教学改革项目（《材料化学实验》精品教

材）的资助。此外，本书在编写过程中受到国内外多本相关教材的启发，在此表示衷心的感谢！

由于编者水平有限，尽管在编写和修改过程中已经竭尽全力，但书中难免存在不足之处，欢迎读者批评指正。

编者
2023 年 1 月于广州

目　录

第一章
基础理论知识

第一节 课程的目的与学习要求

一、课程的目的和任务

《材料化学实验》是研究材料合成方法、制备工艺和材料性能测试方法的实验课程，实验内容包括无机材料不同的合成方法、合成高分子材料的不同反应类型和聚合反应的实施方法等，本书对实验有关的理论基础做简要的介绍，加深学生对理论知识的理解，在实验项目的选择上注意与实际应用、科研前沿紧密结合，使学生在得到基本技能训练的基础上，获得一些与时俱进的感性认识。

通过本课程的学习，要求学生熟练掌握基本的材料化学实验方法，尤其是无机材料和高分子材料合成常用的实验技术和研究手段，进一步巩固和加深材料化学的理论知识，提高运用所学知识来分析和解决问题的能力，并注意加强综合素质及创新能力的培养，注重培养学生严谨的科学态度、科学的思维方法和实际的动手能力，为以后的学习和从事材料研究相关工作打下坚实的基础。

二、课程的学习要求

（一）预习

实验前必须做好预习，弄清实验的目的和要求、基本原理、实验内容、操作步骤以及注意事项。实验课堂要求学生既能动手做实验，又要动脑筋思考问题，因此实验前必须要做好预习。对实验的各个过程心中有数，才能使实验顺利进行，达到预期的效果。预习时应做到：认真阅读实验教材或参考资料中的相关内容；明确实验的目的和基本原理；掌握实验的预备知识和实验的关键步骤，了解实验操作过程的注意事项；写出简明扼要的预习报告，方能进行实验。

（二）实验

认真完成实验，要做到认真操作、细心观察、积极思考、如实记录。进行实验时要有科学、严谨的态度，并养成良好的实验习惯。实验时应做到：认真操作，严格遵守实验操作规范，注重基本操作训练与实验能力的培养；对于每一个实验，不仅要在原理上搞清弄懂，更要在操作上进行严格的训练。即使是很小的操作也要按规范要求一丝不苟地进行练习。实验中要细心观察现象，如果发现实验现象和理论不符合，应认真分析和检查其原因，可以通过做对照试验、空白试验或自行设计实验来核对，必要时应多次重做实验进行验证，从而得到科学的结论。实验过程中应勤于思考，仔细分析，力争自己解决问题，遇到难以解决的疑难问题时，可咨询指导教师。在实验过程中保持肃静，遵守实验室安全规则。设计新实验或做规定以外的实验时，应先经指导教师允许。实验完毕后清理仪器，整理好药品及实验台。

（三）实验报告

按时完成实验报告。实验报告是总结实验进行的情况、分析实验中出现的问题和整理归纳实验结果必不可少的基本环节，是把直接和感性认识提高到理性思维阶段的必要步骤。书写实验报告是学生对所学知识进行归纳和提高的过程，也是培养严谨科学态度和实事求是精神的重要措施。实验报告可以反映出每个学生的实验水平，是实验评分的重要依据，实验报告的书写也为以后撰写毕业论文及学术论文等打好基础。无论是独立实验还是小组合作实验，学生均应独立认真地完成实验报告，交指导老师审阅。书写实验报告应字迹工整，简明扼要，科学规范。

实验报告原则上应包含以下内容：

（1）实验名称。

（2）实验目的。对实验意图做出说明，阐述该实验的意义与作用。

（3）实验原理。实验原理是实验方法的理论依据，或是实验设计的指导思想。必要时需要结合反应方程式和公式表示，语言应简明扼要。

（4）实验仪器与药品。

（5）实验步骤。一般包括药品和仪器准备、配料、合成、测试等部分，要求用文字简要地说明，也可结合图示、表格、方程式等表示。

（6）实验现象和数据记录。表达实验现象要正确、全面，数据记录要规范、完整，不允许主观臆造，弄虚作假。

（7）实验结果。对实验结果的可靠程度与合理性进行评价，并解释所观察到的实验现象；若有数据计算，务必将所依据的公式和主要数据表达清楚。

（8）问题与讨论。回答思考题；对实验中遇到的异常现象做出分析；针对实验中遇到的疑难问题，提出自己的见解或体会；也可以对实验方法、检测手段、合成路线、实验内容等提出自己的意见，从而训练创新思维和提高创新能力。

（9）注意事项。列出影响实验成功与否或影响实验安全的关键环节。

第二节　常用材料的制备方法

一、溶胶—凝胶法

（一）定义

溶胶—凝胶法（Sol-Gel 法，简称 S—G 法）是以含高化学活性组分的化合物如无机物或金属醇盐作前驱体，在液相中将这些原料均匀混合，并进行水解、缩合化学反应，在溶液中形成稳定的透明溶胶体系，溶胶经陈化，胶粒间缓慢聚合，形成三维空间网络结构的凝胶，凝胶网络间充满了失去流动性的溶剂，形成凝胶。凝胶经过干燥、烧结固化制备出分子乃至纳米亚结构的材料。

核心概念：

胶体：分散相粒径很小的胶体体系，分散相质量忽略不计，分子间作用力主要为短程作用力。

溶胶（Sol）：具有液体特征的胶体体系，分散的粒子是固体或者大分子，分散的粒子大小在 1~100nm 之间。

凝胶（Gel）：具有固体特征的胶体体系，被分散的物质形成连续的网状骨架，骨架空隙中充有液体或气体，凝胶中分散相的含量很低，一般在 1%~3% 之间。

溶胶—凝胶法属于化学制备方法。按产生溶胶—凝胶过程机制主要分成三种类型：

（1）传统胶体型。通过控制溶液中金属离子的沉淀过程，使形成的颗粒不团聚成大颗粒而沉淀得到稳定均匀的溶胶，再经过蒸发得到凝胶。

（2）无机聚合物型。通过可溶性聚合物在水中或有机相中的溶胶过程，使金属离子均匀分散到其凝胶中。常用的聚合物有聚乙烯醇、硬脂酸等。

（3）络合物型。通过络合剂将金属离子形成络合物，再经过溶胶、凝胶过程形成络合物凝胶。

（二）合成

溶胶—凝胶法的化学过程首先是将原料分散在溶剂中，然后经水解反应生成活性单体，活性单体进行聚合，开始成为溶胶，进而生成具有一定空间结构的凝胶，经过干燥和热处理制备出纳米粒子和所需材料。最基本的反应是：

水解反应：

$$M(OR)_n + xH_2O \longrightarrow M(OH)_x(OR)_{n-x} + xROH$$

聚合反应：

$$2M(OH)_x(OR)_{n-x} \longrightarrow [M(OH)_{x-1}(OR)_{n-x}]_2O + H_2O$$

反应式中 M 为金属，R 为有机基团，如甲基。溶胶—凝胶法的过程包括了以下四个主要步骤：

（1）起始原料（如金属盐）通过化学反应转变为可分散的氧化物。

（2）可分散的氧化物在稀酸或水中形成溶胶。

（3）溶胶脱水成球、纤维、碎片、涂层状的干胶。

（4）干胶受热生成氧化物超细微粉末。

其中最重要的是溶胶和凝胶的生成。以溶胶—凝胶法制备薄膜材料为例，原理是：将金属醇盐或无机盐水解形成溶胶，溶胶被涂覆在衬底上，然后使溶胶聚合凝胶化，再将凝胶干燥，焙烧去除有机成分最后得到无机材料。溶胶—凝胶法也可用于金属氧化物纳米粒子的制备：用金属醇盐或无机盐为前驱物，前驱物在一定条件下水解成溶胶，再制成凝胶，经干燥纳米材料热处理后制得所需纳米粒子（图 1-1）。应该特别注意的是，在实验过程中反应物在液相下均匀混合，均匀反应，形成稳定的溶胶，反应过程中不能有沉淀产生，否则，实验失败。

图 1-1　溶胶—凝胶法制备粉体材料的过程

（三）特点

（1）化学均匀性好。由于溶胶—凝胶法中所用的原料首先被分散到溶剂中而形成低黏度的溶液，因此可以在很短时间内获得分子水平的均匀性，在形成凝胶时，反应物之间很可能是在分子水平上被均匀地混合。

（2）该法可容纳不溶性组分或不沉淀组分。不溶性颗粒均匀地分散在含不产生沉淀组分的溶液，经胶凝化，不溶性组分可自然地固定在凝胶体系中。不溶性组分颗粒越细，体系化学均匀性越好。即由于经过溶液反应步骤，就很容易均匀定量地掺入一些微量元素，实现分子水平上的均匀掺杂。

（3）反应容易进行，温度低。与固体反应相比，化学反应更容易进行，而且仅需要较低的合成温度，一般认为溶胶—凝胶体系中组分的扩散在纳米范围内，而固体反应时组分扩散是在微米范围内，因此反应容易进行，温度较低。

（4）颗粒细，高纯度，选择适合的材料可以制备各种新型材料。但这种制备方法也存在缺陷，如烘干后的球形凝胶颗粒自身烧结温度低，凝胶颗粒之间烧结性差，即体材料烧结性不好，干燥时收缩大。原料价格较贵，有些原料为有机物，对健康有害。通常整个溶胶—凝胶的过程所需时间较长，常需要几天或几周。存在残留小孔洞；存在残留的碳；在干燥过程中会逸出气体及有机物，并产生收缩。

（四）应用

溶胶—凝胶法广泛应用于制备薄膜材料和粉体材料，自 20 世纪 80 年代以来，在制备玻璃、氧化物涂层、功能陶瓷粉料以及传统方法难以制得的复合氧化物材料等方面得到成功应用。

二、水热法和溶剂热法

（一）定义

水热与溶剂热合成是指在一定温度（100~1000℃）和压强（1~100MPa）条件下利用溶液中物质化学反应所进行的无机合成与材料制备的一种有效方法。水热与溶剂热合成化学是研究物质在高温和密闭或高压条件下溶液中的化学行为与规律的化学分支。由于合成反应在高温高压条件下进行，所以水热与溶剂热合成化学反应体系具有特殊的技术要求，合成反应一般在特定类型的密闭容器或高压釜中进行。

水热法（hydrothermal synthesis），是指在特制的密闭反应器（高压釜）中，采用水溶液作为反应体系，通过对反应体系加热至临界温度（或接近临界温度），在反应体系中产生高压环境，使通常难溶或不溶的物质溶解，并且重结晶而进行无机合成与材料制备的一种有效方法。

溶剂热法（solvothermal synthesis），是在水热法的基础上发展起来的一种新的材料制备方法，将水热法中的水换成有机溶剂或非水溶剂（如有机胺、醇、氨或苯等），采用类似于水热法的原理，制备在水溶液中无法长成、易氧化、易水解或对水敏感的材料，如Ⅲ—Ⅴ族半导体化合物、氮化物、硫族化合物、新型磷（砷）酸盐分子筛三维骨架结构等。

（二）合成

国内实验室常用于无机合成的简易水热反应釜，其釜体和釜盖常用不锈钢制造，反应釜体积较小（通常<100mL）。也可直接在釜体和釜盖设计丝扣，釜体和釜盖直接相连，以达到较好的密封性能。内衬材料是聚四氟乙烯（图1-2）。以烘箱或马弗炉为加热源，采用外加热方式进行反应。由于使用聚四氟乙烯，使用温度应低于聚四氟乙烯的软化温度（250℃）。釜内压力由加热介质产生，可通过填充度在一定范围控制压力。在高温时釜内压力过大，因此必须在室温下开釜。

图1-2　简易高压反应釜

1. 合成工艺

选择反应物和反应介质→确定物料配方→优化配料顺序→装釜、封釜→确定反应温度、压力、时间等试验条件→冷却、开釜→液、固分离→物相分析

2. 安全注意事项

（1）为安全起见，填充度一般控制在50%~80%，填充度超过80%，有爆炸的危险。

（2）尽量选择安全的有机反应溶剂。反应前仔细分析有机溶剂有没有可能在高温下发生剧烈分解。例如，以水合肼为代表的有机胺等。

（3）采用带有聚四氟乙烯内衬的反应釜，反应温度一般不高于200℃，避免内衬变形造成安全事故。

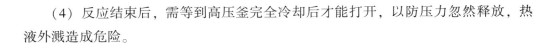

（4）反应结束后，需等到高压釜完全冷却后才能打开，以防压力忽然释放，热液外溅造成危险。

（三）特点

1. 优点

（1）主要采用中低温液相控制，工艺较简单，不需要高温处理即可得到晶型完整、粒度分布均匀、分散性良好的产品，从而相对降低能耗。

（2）适用性广泛，既可制备出超微粒子，又可制备粒径较大的单晶，还可以制备无机陶瓷薄膜。

（3）原料相对价廉易得，同时所得产品物相均匀、纯度高、结晶良好、产率高，并且产品形貌与大小可控。

（4）通过改变反应温度、压力、反应时间等因素可有效控制反应和晶体生长。

（5）密闭条件有利于进行那些对人体健康有害的有毒反应体系，尽可能减少环境污染。

2. 存在的问题

（1）无法观察晶体生长和材料合成的过程，不直观。

（2）设备要求高耐高温高压的钢材、耐腐蚀的内衬，技术难度大，温压控制严格，成本高。

（3）安全性差，加热时密闭反应釜中流体体积膨胀，能够产生极大的压强，存在较大的安全隐患。

（四）应用

水热与溶剂热合成方法的适用范围：低温生长单晶、制备薄膜、制备超细（纳米）粉末等。利用水热与溶剂热环境，可以合成各种各样的具有新颖结构和性能的无机功能材料，如水热合成是沸石分子筛最经典的合成方法。利用水热与溶剂热合成，可以进行合成反应（通过数种组分在水热或溶剂热条件下直接化合或经中间态进行化合反应。利用此类反应可合成大量多晶或单晶材料）、晶化反应（在水热与溶剂热条件下，使溶胶、凝胶等非晶态物质进行晶化反应，大量沸石与微孔晶体的合成属此类反应）、水解反应（在水热与溶剂热条件下，进行加水分解的反应，如醇盐水解等）、培养多功能人工晶体，如水晶（石英单晶）等。

三、沉淀法

（一）定义

沉淀法是在溶液状态下将不同化学成分的物质混合，在混合液中加入适当的沉淀剂制备前驱体沉淀物，再将沉淀物进行干燥或煅烧，从而制得相应的粉体颗粒。

直接沉淀法是制备超细微粒广泛采用的一种方法，其原理是在金属盐溶液中加入沉淀剂，在一定条件下生成沉淀析出，沉淀经洗涤、热分解等处理工艺后得到超细产物。不同的沉淀剂可以得到不同的沉淀产物，常见的沉淀剂为 $NH_3 \cdot H_2O$、$NaOH$、$(NH_4)_2CO_3$、Na_2CO_3、$(NH_4)_2C_2O_4$ 等。

均匀沉淀法是利用某一化学反应使溶液中的构晶离子由溶液中缓慢均匀地释放出来，通过控制溶液中沉淀剂浓度，保证溶液中的沉淀处于一种平衡状态，从而均匀地析出。通常加入的沉淀剂不立刻与被沉淀组分发生反应，而是通过化学反应使沉淀剂在整个溶液中缓慢生成，克服了由外部向溶液中直接加入沉淀剂而造成沉淀剂的局部不均匀性。均匀沉淀法中的沉淀剂，可通过分解反应、水解反应、氧化还原反应等生成，从而进行均匀沉淀。

（二）合成

把沉淀剂加入盐溶液中反应后，将沉淀热处理得到纳米材料。以金属氧化物纳米颗粒的制备为例，在包含一种或多种离子的可溶性盐溶液中加入沉淀剂后，于一定条件下生成沉淀剂后从溶液中析出，将阴离子除去，沉淀经热分解制得纳米金属氧化物。制备过程中，可溶性金属盐的种类、浓度、沉淀剂、焙烧温度等都可能对生成的纳米颗粒的性质产生影响。纳米颗粒在液相中的形成和析出分为两个过程，一个是核的形成过程，称为成核过程；另一个是核的长大过程，称为生长过程。这两个过程的控制对于产物的晶相、尺寸和形貌是非常重要的。

（三）特点

沉淀法操作简单易行，温度低，合成周期短，对设备技术要求不高，不易引入杂质，产品纯度很高，有良好的化学计量性，成本较低。

缺点：沉淀剂的加入可能会使局部浓度过高，产生团聚或组成不够均匀，得到的粒子粒径分布较宽，分散性较差，且阴离子的去除比较难。

（四）应用

沉淀法是合成催化剂的常用方法之一。借助于沉淀反应，用沉淀剂将可溶性的催化剂组分转变为难溶化合物，经过分离、洗涤、干燥和焙烧成型或还原等步骤制成催化剂，这也是常用于制备高含量非贵金属、金属氧化物、金属盐催化剂的一种方法。

四、共沉淀法

（一）定义

共沉淀法是指在溶液中含有两种或多种阳离子，它们以均相存在于溶液中，加入沉淀剂，经沉淀反应后，可得到各种成分均一的沉淀，它是制备含有两种或两种以上金属元素的复合氧化物超细粉体的重要方法。前面所讲的沉淀法通常指单组分沉淀法，是借助于沉淀剂与一种金属盐溶液作用制备单组分催化剂或载体的一种方法。而共沉淀法是借助于沉淀剂与两种以上金属盐溶液作用，经共同沉淀后制得固体产品，它一次可以使几个组分同时沉淀，而且各组分之间的分布也比较均匀。共沉淀法常用于制备多组分催化剂，也是将一种或多种活性组分负载于载体上的方法。

（二）合成

在混合物共沉淀法中，为了获得均匀的沉淀，通常是将含多种阳离子的盐溶液慢慢加到过量的沉淀剂中并进行搅拌，使所有沉淀离子的浓度大幅超过沉淀的平衡浓度，尽量使各组分按比例同时沉淀出来，从而得到较均匀的沉淀物。

基本工艺流程为：

分别制备金属的盐类水溶液→按化学计量比混合盐类水溶液→制备前驱体沉淀物→固液分离→低温煅烧分解制备出微细粉料

利用共沉淀法制备纳米粉体，需要控制的工艺条件包括：化学配比、溶液浓度、溶液温度、分散剂的种类和数量、混合方式、搅拌速率、pH值、洗涤方式、干燥温度和方式、煅烧温度和方式等。

（三）特点

此方法的优点在于通过溶液中的各种化学反应直接得到化学成分均一的纳米粉体材料，容易制备粒度小而且分布均匀的纳米粉体材料，还具有工艺简单、煅烧温度低和时间短、产品性能良好等优点。但也存在如下一些缺点：

（1）所得沉淀物中杂质的含量及配比难以精确控制。

（2）在共沉淀制备粉体的过程中，从共沉淀、晶粒长大到沉淀的漂洗、干燥、煅烧的每一阶段均可能导致颗粒长大及团聚体的形成。

（四）应用

共沉淀法可以用于制备纳米粉细颗粒，广泛用于制备钙钛矿型、尖晶石型、$BaTiO_3$ 系材料、敏感材料、铁氧体和荧光材料等，还可进行物质分离。

五、电解合成法

（一）定义

电解合成是指将直流电通过电解质溶液或熔体，使电解质在电极上发生化学反应，以制备所需产品的过程。电解方式按电解质状态可分为水溶液电解和熔融盐电解两大类。

1. 水溶液电解

主要有电解水制取氢气和氧气；电解氯化钠（钾）水溶液制氢氧化钠（钾）和氯气、氢气；电解氧化法制取各种氧化剂，如过氧化氢、氯酸盐、高氯酸盐、高锰酸盐、过硫酸盐等；电解还原法如丙烯腈电解制备己二腈；湿法电解制取金属，如锌、镉、铬、锰、镍、钴等；湿法电解精制金属，如铜、银、金、铂等。此外，电镀、电抛光、阳极氧化等都是通过水溶液电解来实现的。

2. 熔融盐电解

主要包括金属冶炼，如铝、镁、钙、钠、钾、锂、铍等；金属精制，如铝、钛等；此外，还有将熔融氟化钠电解制取元素氟等。

（二）合成

电解是利用在作为电子导体的电极与作为离子导体的电解质界面上发生电化学反应进行化学品的合成、高纯物质的制造以及材料表面的处理过程。通电时，电解质中的阳离子移向阴极，得到电子发生还原反应，生成新物质；电解质中的阴离子移向阳极，放出电子发生氧化反应，生成新物质。

将电能转化为化学能的装置称为电解池。电解过程必须具备电解质、电解槽、直流电供给系统、分析控制系统和对产品的分离回收装置。电解所用主体设备电解槽，可分为隔膜电解槽和无隔膜电解槽两类。隔膜电解槽又可分为均向膜（石棉绒）、离子膜及固体电解质膜（如 $\beta\text{-}Al_2O_3$）等形式；无隔膜电解槽又分为水银电解槽和氧化电解槽等。电极上发生的过程，可分简单电子传递、气体释放、金属腐蚀、金属析出、氧化物生成和有机物二聚等类型。电解过程应尽可能采用较低成本的原料，提高反应的选择性，减少副产物的生成，缩短生产工序，便于产品的回收和净化。

（三）特点

1. 优点

（1）电解池能提供高电势，达到普通化学试剂所不具有的氧化还原能力，如氟和臭氧的电化学合成。

（2）溶液不会被还原剂（或氧化剂）及其相应的反应产物所污染，容易分离和收集，对环境的污染小。

（3）控制电极电位和选择适当的电极、溶剂等方法，使反应按人们所希望的方向进行，故反应选择性高，副反应少，可制备出许多特定价态的化合物。

（4）电化学过程的参数便于数据采集和过程自动化与控制，能制备其他方法所不能制备的物质，而且电解槽可以连续工作，效率更高。

2. 缺点

反应比较慢，耗能大，需要特定的装备，规模效应小。

（四）应用

电解是一种非常强有力的促进氧化还原反应的手段，许多很难进行的氧化还原反应都可以通过电解来实现。电解广泛应用于冶金工业中，如从矿石或化合物提取金属（电解冶金）或提纯金属（电解提纯），以及从溶液中沉积出金属（电镀）。许多有色金属和稀有金属的冶炼和金属的精炼，许多强氧化剂如 $KClO_3$、$KMnO_4$、H_2O_2 的生产，基本化工产品的制备，还有电镀、电抛光、阳极氧化等，都是通过电解实现的。我国拥有极丰富的水力资源，有巨大的发电潜力，为该法的应用提供了广阔的前景。

电解合成可以应用于：

（1）电解盐的水溶液和熔融盐以制备金属、某些合金和镀层。

（2）通过电化学氧化过程制备最高价和特殊高价的化合物，如高氯酸钠和锰酸钾的合成，一些极强氧化性物质，如 OF_2、$Na_2S_2O_8$、AgF_2 的合成。

（3）含中间价态或特殊低价元素化合物的合成，这些化合物用一般的化学方法合成非常困难，如 HClO、HNO_2、NF_2、NF_3、N_2H_2 等。

（4）碳、硼、硅、磷、硫等二元或多元陶瓷型化合物的合成。

（5）非金属元素间化合物的形成。

（6）一些混合价态化合物、簇合物、非计量氧化物、金属薄膜、无机薄膜、纳米材料的制备等。

六、化学气相沉积法

（一）定义

化学气相沉积（chemical vapor deposition，CVD）是通过化学反应的方式，利用加热、等离子激励或光辐射等各种能源，在反应器内使气态或蒸汽状态的化学物质在气相或气固界面上经化学反应形成固态沉积物的技术。化学气相沉积是近几十年发展起来的制备无机材料的新技术。简单来说就是：两种或两种以上的气态原材料导入一个反应室内，发生化学反应，形成一种新的材料，沉积到基片表面上。化学气相沉积（CVD）是半导体工业中应用最为广泛用来沉积多种材料的技术，包括大范围的绝缘材料、大多数金属材料和金属合金材料。例如沉积氮化硅膜（Si_3N_4）就是一个很好的例子，它是由硅烷和氮反应形成的。

（二）常用 CVD 技术

1. 常压化学气相沉积（APCVD）

常压化学气相沉积法是最早研发的 CVD 技术，在大气压环境下操作。APCVD 技术主要是利用含有薄膜元素的一种或几种气相化合物或单质（如硅烷、硼烷和氧）在衬底表面上进行化学反应生成薄膜。APCVD 技术沉积工艺参数易控制，重复性好，宜于批量生产。

2. 低压化学气相沉积（LPCVD）

低压化学气相沉积技术的压力范围一般在 $1 \times 10^4 \sim 4 \times 10^4 Pa$ 之间。由于低压下分子平均自由程增加，气态反应剂与副产品的质量传输速度加快，从而使形成沉积薄膜材料的反应速度加快。同时，气体分子的不均匀分布在很短的时间内可以消除，所以能生长出厚度均匀的薄膜。此外，在气体分子运输过程中，参加化学反应的反应物分子在一定的温度下吸收了一定的能量，使这些分子得以活化而处于激活状态，从而使参加化学反应的反应物气体分子间易于发生化学反应，即 LPCVD 的沉积速率较高。利用这种方法可以沉积多晶硅、氮化硅、二氧化硅等。

3. 等离子体增强化学气相沉积（PECVD）

等离子化学气相沉积又称为等离子体增强化学气相沉积，它是借助气体辉光放电产生的低温等离子体来增强反应物质的化学活性，促进气体间的化学反应，从而在较低温度下沉积出优质镀层的过程。目前，PECVD 主要用于金属、陶瓷、玻璃等基材上，制备保护膜、强化膜、修饰膜和功能膜。其应用的重要新进展是类金刚石膜的沉积，它一般是用射频等离子体碳氢化合物气体分解以及离子束沉积相结合制备，这类陶瓷薄膜在用作切削刀具的耐磨涂层以及激光反射镜、光导纤维薄膜等领域中具有独特的应用前景。

另外，还有金属有机化合物化学气相沉积技术（MOCVD）、激光化学气相沉积（LCVD）、超真空化学气相沉积（UHVCVD）、超声波化学气相沉积（UWCVD）等。

（三）合成

CVD 技术是把含有构成薄膜元素的气态反应剂或液态反应剂的蒸气及反应所需其他气体引入反应室，在衬底表面发生化学反应，并把固体产物沉积到表面生成薄膜的过程。化学气相沉积技术大致包含以下三步。

（1）形成挥发性物质。

（2）把上述物质转移至沉积区域。

（3）在固体上产生化学反应并产生固态物质。

CVD 技术原理如图 1-3 所示。

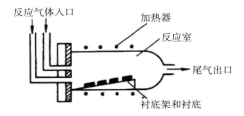

图 1-3　CVD 技术原理示意图

（四）特点

由 CVD 技术所形成的膜层致密且均匀，膜层与基体的结合牢固，薄膜成分易控，沉积速度快，膜层质量也很稳定，某些特殊膜层还具有优异的光学、热学和电学性能，因而易于实现批量生产。但是，CVD 的沉积温度通常很高，在 900～2000℃之间，容易引起零件变形和组织上的变化，从而降低机体材料的机械性能并削弱机体材料和镀层间的结合力，使基片的选择、沉积层或所得工件的质量都受到限制。目前，CVD 技术正朝着中、低温和高真空两个方向发展，并与等离子体、激光、超声波等技术相结合，形成了许多新型的 CVD 技术。

（五）应用

化学气相沉积法已经广泛用于提纯物质、研制新晶体、沉积各种单晶、多晶或玻璃态无机薄膜材料。这些材料可以是氧化物、硫化物、氮化物、碳化物，也可以是Ⅲ—Ⅴ、Ⅱ—Ⅳ、Ⅳ—Ⅵ族中的二元或多元的元素间化合物，而且它们的物理功能可以通过气相掺杂的沉积过程精确控制。如用化学气相沉积法生产晶体（如硅、外延化合物半导体层）、晶体薄膜（如制备 W、Mo、Pt、Ir 等金属单晶薄膜以及铁酸镍薄膜、钇铁石榴石薄膜、钴铁氧体薄膜等化合物单晶薄膜），生产晶须（如各类金属晶须和氧化铝、金刚砂、碳化钛晶须等化合物晶须），生产多晶/非晶材料膜（如在半导体工业中作为绝缘介质隔离层的多晶硅沉积层，如磷硅玻璃、硼硅玻璃、SiO_2 以及 Si_3N_4 等）。此外，也有一些在未来有可能发展成开关以及存储记忆材料，例如 $CuO—P_2O_5$、$CuO—V_2O_5—P_2O_5$ 以及 $V_2O_5—P_2O_5$ 等都可以使用化学气相沉积法进行生产。

七、固相合成法

（一）定义

固相合成（solid phase synthesis）指那些由固态物质参加的反应。也就是说，反应物必须是固态物质的反应，才能称为固相合成反应。

根据反应温度不同，固相合成分为三类，即高温固相合成、中温固相合成、低温固相合成。

1. 高温固相合成

反应温度高于 600℃。传统固相反应通常是指高温固相反应。高温固相反应已经在材料合成领域中占据了主导地位，虽然还未能实现完全按照人们的愿望进行目标合成，在预测反应产物的结构方面还处于经验胜过科学的状况，但人们一直致力于它的研究，积累了丰富的实践经验，相信随着研究的不断深入，一定会在合成化学中再创辉煌。

2. 中温固相合成

由于一些只能在较低温度下稳定存在而在高温下分解的介稳化合物，在中热固相反应中可使产物保留反应物的结构特征，由此发展起来的前体合成法、熔化合成法、水热合成法的研究特别活跃。

3. 低温固相合成

低温固相合成又称室温固相反应，指的是在室温或接近室温（≤100℃）的条件下，固相化合物之间所进行的化学反应。相对于传统的高温固相反应而言，低温固相反应可以合成一些热力学不稳定产物或动力学控制的化合物，对于人们了解固相反应机理，实现利用固相化学反应进行定向合成和分子装配大有益处。

（二）合成

固相反应包括四个阶段：扩散、反应、成核、生长。

在高温固相合成中，实验室和工业中通常需要以下几种设备：电阻炉、感应炉、电弧炉。通过充分破碎和研磨，或通过各种化学途径制备粒度细、比表面积大、表面活性高的反应物原料，通过加压成片，甚至热压成型使反应物颗粒充分均匀接触或通过化学方法使反应物组分事先共沉淀或通过化学反应制成反应物前驱体，这些方法都有利于固相合成。以发光材料的合成为例：发光材料的合成一般经过配料、灼烧、后处理三个阶段。所谓配料就是将基质材料、激活剂、助熔剂以及其他必要助剂按一定比例均匀混合，并加以必要的处理制成高温灼烧用的生料。然后通过灼烧使生料各组分间在高温下发生化学反应，形成具有一定结构的均相晶体材料，在灼烧过程中，激活剂离子进入晶体结构中形成发光中心，由此得到发光材料。因此，灼烧是高温固相合成的关键步骤。后处理包括选粉、洗粉和过筛等步骤，目的是除去产物中的助熔剂和在灼烧过程中产生的非发光成分。首先在紫外灯下将不发光的或发光较弱的部分去除，然后通过水洗除去助熔剂，再经过过滤、烘干、过筛即可得到产物。

低热固相反应的温度很低，一般低于100℃，由于没有溶剂参加反应，因此其制备工艺简单，参数容易控制，在通常情况下仅需要将反应物置于玛瑙中研磨即可。辅以低热或者超声等技术效果更佳。

（三）特点

固相反应不使用溶剂，具有高选择性、高产率、工艺过程简单等优点，是人们制备新型固体材料的主要手段之一。

高温固相法需要温度较高，因此不可避免地具有如能耗大、效率低、粉体不够细、易混入杂质等缺点，但由于该法制备的粉体具有颗粒无团聚、填充性好、成本低、产量大、制备工艺简单等优点，迄今仍是常用的方法。

低温固相合成法具有减少污染、节能、高效等优点，从能量学和环境学的角度考虑，低温固相反应可极大地节约能耗，减少三废排放，是绿色化工发展的主要趋势。但适用范围有限，某些体系的反应必须要在一定的温度下才能实现。

（四）应用

高温固相合成即传统的固相合成，目前已广泛应用于生产无机功能材料和化合物，如为数众多的各类复合氧化物、含氧酸盐类、二元或多元陶瓷化合物（碳、硼、硅、磷、硫等化合物）等。低温固相合成是近些年发展起来的新的研究领域，利用低温固相反应可以合成各种功能材料，如非线性光学材料、气敏材料、纳米材料等，用该方法合成的氧化物、金属及合金已在许多方面得到了应用。

八、自蔓延高温合成法

（一）定义

自蔓延高温合成（self-propagation high-temperature synthesis，SHS），又称为燃烧合成（combustion synthesis）技术，是利用反应物之间高的化学反应热的自加热和自传导作用来合成材料的一种技术。当反应物一旦被引燃，便会自动向尚未反应的区域传播，直至反应完全。该方法是制备无机化合物高温材料的一种新方法。例如，通过"铝热法"即金属氧化物与铝反应生产氧化铝和金属或合金的反应。

（二）合成

1. SHS 制粉

粉末材料的自蔓延高温合成是 SHS 最早研究且最有生命力的方向之一。利用 SHS 技术可以制备从最简单的二元化合物到具有极端复杂结构的超导材料粉末。合成非氧化物粉末的方法有元素直接合成、镁热还原和铝热还原等。元素合成法广泛用于碳、硅、硼、氮、硫、磷等的化合物、金属间化合物和金属—陶瓷粉末的合成。镁热还原法以廉价化合物为原料合成碳、硅、硼、氮等的化合物，特别适于含硼化合物的合成（因为硼粉价格昂贵）。铝热还原法用于难熔化合物和氧化铝复合材料的制备。

常规 SHS 技术是用瞬间的高温脉冲来局部点燃反应混合物压坯体，随后燃烧波以蔓延的形式传播而合成目标产物的技术。这一技术适用于具有较高放热量的材料体系，如 $TiC—TiB_2$、$TiC—SiC$、$TiB_2—Al_2O_3$、$Si_3N_4—SiC$ 等体系。其特点是设备简单、能耗低、工艺过程快、反应温度高。

热爆 SHS 技术是将反应混合物压坯整体同时快速加热，使合成反应在整个坯体内同时发生的技术。采用这一技术已制备出的材料主要有各种金属间化合物、含有较多金属相的金属陶瓷复合材料以及具有低放热量的陶瓷复合材料。

2. SHS 烧结块体材料

SHS 烧结法或称 SHS 自烧结法，即直接完成所需形状和尺寸的材料或物件的合成与烧结，是将粉末或压坯在真空或一定气氛中直接点燃，不加外载，凭自身反应放热进行烧结和致密化的一种方法。该工艺简单，易于操作，但反应过程中不可避免会有气体溢出，难以完全致密化。即使有液相存在，空隙率也会高达 7% ~ 13%。因此，该技术适用于制备多孔材料、氮化物材料、耐火材料和建筑材料。SHS 烧结可采用在空气中燃烧合成，或将经过预先热处理的混合粉末放在真空反应器内进行合成，或在充有反应气体的高压反应容器内进行合成三种方式进行。SHS 烧结法可用于高孔隙度陶瓷、蜂窝状制品和氮化物 SHS 陶瓷的制备。

另外，还有 SHS 致密化技术、SHS 焊接技术等。

（三）特点

燃烧引发的反应或燃烧波的蔓延相当快，一般为 0.1 ~ 20.0cm/s，最高可达 25.0cm/s，燃烧波的温度或反应温度通常都在 2100K 以上，最高可达 5000K。SHS 以自蔓延方式实现反应，与制备材料的传统工艺比较，具有以下优点。

（1）省时节能，能源利用充分（反应合成所需要的能量由自身产生）。

（2）设备、工艺简单。

（3）产品纯度高（某些不纯物质在 SHS 高温烧结下，蒸发离去），反应转化率接近 100%。

（4）不仅能生产粉末，如果同时施加压力，还可以得到高密度的燃烧产品。

（5）产量高（因为反应速度快）。

（6）扩大生产规模简单，从实验室走向工业生产所需的时间短，而且大规模生产的产品质量优于实验室生产的产品。

（7）在燃烧过程中，材料经历了很大的温度变化、非常高的加热和冷却速率，使生成物中缺陷和非平衡相比较集中，因此某些产物比用传统方法制造的产物更具有活性，更容易烧结。

然而，SHS 法在合成材料时具有一些固有的局限性，因为这是一种特殊条件下的化学反应，它利用体系反应时自身释放出的热量来维持化学反应的持续进行，因此，一些弱放热反应体系或反应转化速率较低的体系，采用常规的 SHS 技术难以维持其自蔓延燃烧过程的持续进行，从而限制了 SHS 技术合成材料的范围。

（四）应用

SHS 目前已有非常广泛的应用，可制备许多新型材料，如金属陶瓷、**蜂窝状陶瓷材料**、金属间化合物、单晶体超导材料及金属间化合物基复合材料等。经过二十多年的研究开发，SHS 得到了长足的发展，其研究对象由高放热材料如铝、硼、碳、硅化合物拓展到低放热的氢、磷、硫化合物，在基础理论研究方面建立了包括燃烧学、动力学在内的宏观动力学理论体系，对于大多数 SHS 有普遍的指导意义。

九、本体聚合法

（一）定义

本体聚合（bulk polymerization，mass polymerization）是单体（或原料低分子物）在不加溶剂以及其他分散剂的条件下，由引发剂或光、热、辐射作用下其自身进行聚合引发的聚合反应。有时也可加少量着色剂、增塑剂、分子量调节剂等。液态、气态、固态单体都可以进行本体聚合。

本体聚合分为均相聚合与非均相聚合两类。生成的聚合物能溶于各自的单体中，为均相聚合，如苯乙烯、甲基丙烯酸甲酯等；生成的聚合物不溶于它们的单体，在聚合过程中不断析出，为非均相聚合，又称沉淀聚合，如乙烯、氯乙烯等。本体聚合的引发剂多为油溶性引发剂，油溶性引发剂主要有偶氮引发剂和过氧类引发剂，相对于过氧类引发剂，偶氮引发剂反应更加稳定。

（二）合成

本体聚合流程：针对本体聚合法聚合热难以散发的问题，工业生产上多采用两段聚合工艺。第一阶段为预聚合，可在较低温度下进行，转化率控制在 10% ~ 30%，一般在自加速以前，这时体系黏度较低，散热容易，聚合可以在较大的釜内进行。第二阶段继续进行聚合，在薄层或板状反应器中进行，或者采用分段聚合，逐步升温，提高转化率。由于本体聚合过程反应温度难以控制恒定，所以产品的分子量分布比较宽。

本体聚合的后处理主要是排除残存在聚合物中的单体。常采用的方法是在真空中将熔融的聚合物脱除单体和易挥发物，所用设备为螺杆或真空脱气机。也有的采用泡沫脱气法，在一定压力下将聚合物加热使之熔融，然后突然减压使聚合物呈泡沫状，有利于单体的逸出。

（三）特点

1. 优点

产品纯净，电性能好，可直接进行浇铸成型；生产设备利用率高，操作简单，不需要复杂的分离、提纯操作；生产工艺简单，流程短，使用生产设备少，投资较少；反应器有效反应容积大，生产能力大，易于连续化，生产成本低。

2. 缺点

热效应相对较大，自动加速效应造成产品有气泡，变色，严重时则温度失控，引起爆聚，使产品达标难度加大。由于体系黏度随聚合不断增加，混合和传热困难，有时还会出现聚合速率自动加速现象，如果控制不当，将引起爆聚；产物分子量分布宽，未反应的单体难以除尽，制品机械性能变差等。

（四）应用

本体聚合法常用于聚甲基丙烯酸甲酯（俗称有机玻璃）、聚苯乙烯、低密度聚乙烯、聚丙烯、聚酯和聚酰胺等树脂的生产。应用于制造透明性好的材料，以及介电性好的电器；由于混合和传热困难，工业上自由基本体聚合不及悬浮聚合、乳液聚合应用广泛，离子聚合由于多数催化剂易被水破坏，故常采用本体聚合和溶液聚合。

十、悬浮聚合法

（一）定义

溶有引发剂的单体以液滴状悬浮于水中进行自由基聚合的方法称为悬浮聚合法（suspension polymerization）。单体中溶有引发剂，一个小液滴就相当于本体聚合的一个小单元。从单体液滴转变为聚合物固体粒子，中间经过聚合物—单体黏性粒子阶段，为了防止粒子相互黏结在一起，体系中须加有分散剂，以便在粒子表面形成保护膜。

悬浮聚合的反应机理与本体聚合相同，也有均相聚合和沉淀聚合（非均相）之分，如果聚合物溶于其单体中，则聚合物是透明的小珠，该种悬浮聚合称为均相悬浮聚合或称珠状聚合，如苯乙烯的悬浮聚合、甲基丙烯酸甲酯的悬浮聚合为均相悬浮聚合。如果聚合物产物不溶于其单体中，在每个小液滴内，一生成聚合物就发生沉淀，而形成液相单体和固相聚合物两相，聚合物是不透明的小球，称为非均相悬浮聚合或称沉淀聚合，如氯乙烯、偏二氯乙烯、三氟氯乙烯和四氟乙烯的聚合为非均相悬浮聚合。若是将水溶性单体的水溶液作为分散相悬浮于油类连续相中，在引发剂的作用下进行聚合的方法，称为反相悬浮聚合法。

（二）合成

悬浮聚合法的典型生产工艺过程是将单体、水、引发剂、分散剂等加入反应釜中，加热，并采取适当的手段使之保持在一定温度下进行聚合反应，反应结束后回收未反应单体，离心脱水、干燥得产品。

悬浮聚合所使用的单体或单体混合物应为液体，要求单体纯度高于 99.98%。在工业生产中，引发剂、分子量调节剂分别加入反应釜中。引发剂用量为单体量的 0.1%~1.0%。去离子水、分散剂、助分散剂、pH 调节剂等组成水相。水相与单体之比一般在（75：25）~（50：50）范围内。各种单体的悬浮聚合过程都采用间歇法操作。

（三）特点

1. 优点

反应器内有大量水，体系黏度低，聚合热容易导出，散热和温度控制比本体聚合、溶液聚合容易；产品相对分子质量及分布比较稳定，聚合速率及相对分子质量比溶液聚合要高一些，杂质含量比乳液聚合低；后处理比溶液聚合和乳液聚合简单，生产成本较低，三废较少，聚合后只需经过简单的分离、洗涤、干燥等工序，即得树脂产品，可直接用于成型加工。

2. 缺点

反应器生产能力和产品纯度不及本体聚合法，而且不能采用连续法进行生产；必须使用分散剂，且在聚合完成后，很难从聚合产物中除去，会影响聚合产物的性能（如外观、老化性能等）；聚合产物颗粒会包藏少量单体，不易彻底清除，影响聚合物性能。

（四）应用

悬浮聚合目前大都为自由基聚合，在工业上应用很广。如聚氯乙烯的生产 75% 采用悬浮聚合过程，聚合釜也渐趋大型化；聚苯乙烯及苯乙烯共聚物主要也采用悬浮聚合法生产；其他还有聚醋酸乙烯、聚丙烯酸酯类、氟树脂等。

十一、溶液聚合法

(一) 定义

溶液聚合（solution polymerization）是单体溶于适当溶剂中加入引发剂（或催化剂）在溶液状态下进行的聚合反应。溶液聚合是高分子合成过程中一种重要的合成方法。一般在溶剂的回流温度下进行，可以有效地控制反应温度，同时可以借助溶剂的蒸发排散放热反应所放出的热量。若生成的聚合物能溶解于溶剂中，则产物是溶液，称为均相溶液聚合，如丙烯腈在二甲基甲酰胺中的聚合，将反应后的溶液倾入某些不能溶解聚合物的液体中，聚合物即沉淀析出，也可将溶液蒸馏除去溶剂得到聚合物。如果生成的聚合物不能溶解于溶剂中，则随着反应的进行生成的聚合物不断沉淀出来，这种聚合称非均相（或异相）溶液聚合，又称沉淀聚合（precipitation polymerization），如丙烯腈的水溶液聚合。

(二) 合成

溶液聚合反应一般在溶剂的回流温度下进行，大多选用低沸点溶剂。为了便于控制聚合反应温度，溶液聚合通常在釜式反应器中半连续操作。直接使用的聚合物溶液，在结束反应前应尽量减少单体含量，或采用化学方法或蒸馏方法将残留单体除去。要得到固体物料须经过后处理，即采用蒸发、脱气挤出、干燥等脱除溶剂与未反应单体，制得粉状聚合物。工业溶液聚合可采用连续法和间歇法，大规模生产常采用连续法，如聚丙烯等。

溶液聚合所用溶剂主要是有机溶剂或水。应根据单体的溶解性质以及所生产聚合物的溶液用途，进而选择适当的溶剂。常用的有机溶剂有醇、酯、酮以及芳烃（苯、甲苯）等；此外，脂肪烃、卤代烃、环烷烃等也有应用。

(三) 特点

1. 优点

聚合热易扩散，聚合反应温度易控制；体系黏度较低，减少凝胶效应，可以避免局部过热；易于调节产品的分子量分布。

2. 缺点

单体被溶剂稀释，聚合速率较慢，产物分子量较低，设备生产能力和利用率较低；使用有机溶剂时增加成本、造成环境污染问题，溶剂分离回收费用较高，除尽聚合物中残留溶剂困难；除尽溶剂后，固体聚合物从釜中出料也较困难。

（四）应用

在实验室，常用此法进行聚合机理及动力学研究。在工业上溶液聚合适用于直接使用聚合物溶液的场合，如涂料、胶黏剂、合成纤维纺丝液、浸渍剂等。

十二、乳液聚合法

（一）定义

乳液聚合（emulsion polymerization）是借助乳化剂和机械搅拌，使单体分散在水中形成乳液，再加入引发剂引发单体聚合。乳液聚合的物料组成包括单体、乳化剂、引发剂、分散介质（水）和其他（调节剂、电解质、螯合剂和终止剂等）。

乳液聚合的单体必须具备以下几个条件：

（1）单体可以增溶溶解但不能全部溶解于乳化剂的水溶液。

（2）可以在发生增溶溶解作用的温度下进行聚合。

（3）单体与水和乳化剂无任何作用。

（4）对单体的纯度要求达到99%以上。

（5）在乳液聚合中，单体的含量一般控制在30%~60%。

引发体系主要是油溶性或水溶性引发剂。油溶性引发剂主要有偶氮引发剂和过氧类引发剂，偶氮类引发剂有偶氮二异丁腈、偶氮二异庚腈、偶氮二异戊腈、偶氮二环己基甲腈、偶氮二异丁酸二甲酯引发剂等，水溶性引发剂主要有过硫酸盐、氧化还原引发体系、偶氮二异丁脒盐酸盐（V-50引发剂）、偶氮二异丁咪唑啉盐酸盐（VA-044引发剂）、偶氮二异丁咪唑啉（VA061引发剂）、偶氮二氰基戊酸引发剂等。

乳化剂是可使互不相溶的油与水转变成难以分层的乳液的一类物质。乳化剂通常是一些亲水的极性基团和疏水（亲油）的非极性基团两者性质兼有的表面活性剂。

在用乳液聚合方法生产合成橡胶时，除加入单体、水、乳化剂和引发剂四种主要成分外，还经常加入缓冲剂（用于保持体系pH值不变）、活化剂（形成氧化还原循环系统）、调节剂（调节分子量、抑制凝胶形成）和防老剂（防止生胶及硫化胶老化）等助剂。

（二）合成

根据间歇法乳液聚合的动力学特征，可以把整个乳液聚合过程分为四个阶段：

1. 分散阶段（聚合前段）

加入乳化剂，浓度低于临界胶束浓度（CMC）时形成真溶液，高于 CMC 时形成胶束。加入单体。按在水中的溶解度以分子状态溶于水中，更多的溶解在胶束内形成增溶胶束，还有的形成小液滴，即单体液滴。单体、乳化剂在单体液滴、水相及胶束间形成动态平衡。

2. 乳胶粒生成阶段（聚合 I 段）

引发剂溶解在水中，分解形成初始自由基。引发剂在不同的场所引发单体，生成乳胶粒。胶束消失标志这一阶段结束。

3. 乳胶粒长大阶段（聚合 II 段）

没有胶束，乳胶粒数目恒定，聚合反应在乳胶粒中继续进行。单体、乳化剂及自由基三者在单体液滴、乳胶粒和水相之间建立平衡。单体液滴消失标志这一阶段结束。

4. 聚合完成阶段（聚合 III 段）

体系中只有水相和乳胶粒两相。乳胶粒内由单体和聚合物两部分组成，水中的自由基可以继续扩散入内使引发增长或终止，但单体再无补充来源，聚合速率将随乳胶粒内单体浓度的降低而降低。该阶段是单体—聚合物乳胶粒转变成聚合物乳胶粒的过程。

（三）特点

1. 优点

聚合速度快，产品分子量高；用水作分散机介质，有利于传热控温；反应达高转化率后乳聚体系的黏度仍很低，分散体系稳定，较易控制和实现连续操作；胶乳可以直接用作最终产品。

2. 缺点

聚合物分离析出过程烦杂，需加入破乳剂或凝聚剂；反应器壁及管道容易挂胶和堵塞；助剂品种多，用量大，因而产品中残留杂质多，如洗涤脱除不净会影响产品的物性。

（四）应用

乳液聚合的应用范围包括：合成橡胶，如丁苯橡胶、氯丁橡胶、丁腈橡胶等；

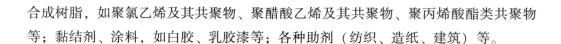

合成树脂，如聚氯乙烯及其共聚物、聚醋酸乙烯及其共聚物、聚丙烯酸酯类共聚物等；黏结剂、涂料，如白胶、乳胶漆等；各种助剂（纺织、造纸、建筑）等。

第三节 常用材料的分析方法

材料的分析测试，涉及的内容很多，例如物相分析、形貌分析、成分分析、热性质分析、光性质分析等，本节对几种常用的材料分析方法做简要的介绍。

一、X射线衍射法

（一）简介

X射线衍射（X-ray diffraction，XRD）是一种使用X射线衍射对粉末或单晶样品进行结构表征的科学技术。基于测试的样品是单晶还是多晶，X射线衍射分为X射线单晶衍射法和X射线多晶衍射法，多晶衍射法又称为粉末衍射法。由于单晶的制备工艺相对比较复杂。因此，X射线粉末衍射技术应用更为广泛。

（二）原理

X射线照射到物质上将产生散射。晶态物质对X射线产生的相干散射表现为衍射现象，即入射光束出射时光束没有被发散但方向被改变了而其波长保持不变的现象，这是晶态物质特有的现象。绝大多数固态物质都是晶态或微晶态或准晶态物质，都能产生X射线衍射。

当一束单色X射线入射到晶体时，由于晶体是由原子规则排列成的晶胞组成，这些规则排列的原子间距离与入射X射线波长有相同数量级，故由不同原子散射的X射线相互干涉，在某些特殊方向上产生强X射线衍射，衍射线在空间分布的方位和强度与晶体结构密切相关，每种晶体所产生的衍射花样都反映出该晶体内部的原子分布规律，这就是X射线衍射的基本原理。晶体的X射线衍射图是晶体微观结构立体场景的一种物理变换，包含了晶体结构的全部信息。使用X射线衍射仪，用少量固体粉末或小块样品便可得到其X射线衍射图。

X射线衍射仪基本构成如下：

1. 高稳定度X射线源

提供测量所需的X射线，改变X射线管阳极靶材质可改变X射线的波长，调节阳极电压可控制 X 射线源的强度。

2. 样品及样品位置取向的调整机构系统

样品须是单晶、粉末、多晶或微晶的固体块。

3. 射线检测器

检测衍射强度或同时检测衍射方向，通过仪器测量记录系统或计算机处理系统可以得到衍射图谱数据。

4. 衍射图的处理分析系统

现代 X 射线衍射仪都附带安装有专用衍射图处理分析软件的计算机系统，它们的特点是自动化和智能化。

（三）应用

X 射线衍射技术已经成为最基本、最重要的一种结构测试手段，XRD 特别适用于晶态物质的物相分析。晶态物质组成元素或基团如不相同或其结构有差异，它们的衍射谱图在衍射峰数目、角度位置、相对强度次序以及衍射峰的形状上就显现出差异。因此，通过样品的 X 射线衍射图与已知的晶态物质的 X 射线衍射谱图的对比分析便可以完成样品物相组成和结构的定性鉴定；通过对样品衍射强度数据的分析计算，可以完成样品物相组成的定量分析；XRD 还可以测定材料中晶粒的大小或其排布取向（材料的织构）等，应用十分普遍、广泛。目前 XRD 主要适用于无机物或有机—无机杂化材料，如配合物等，对于有机物应用较少。

二、透射电子显微镜法

（一）简介

透射电子显微镜（transmission electron microscope，TEM），简称透射电镜，是观察和分析材料的形貌、组织和结构的有效工具。TEM 用聚焦电子束作照明源，使用对电子束透明的薄膜试样，以透过试样的透射电子束或衍射电子束所形成的图像来分析试样内部的显微组织结构。通过 TEM 可以看到在光学显微镜下无法看清的小于 $0.2\mu m$ 的细微结构，这些结构称为亚显微结构或超微结构。

（二）原理

透射电镜的总体工作原理是：由电子枪发射出来的电子束，在真空通道中沿着镜体光轴穿越聚光镜，通过聚光镜将之汇聚成一束尖细、明亮而又均匀的光斑，照射在样品室内的样品上；透过样品后的电子束携带有样品内部的结构信息，样品内致密处透过的电子量少，稀疏处透过的电子量多；经过物镜的会聚调焦和初级放大后，电子束进入下级的中间透镜和第 1、第 2 投影镜进行综合放大成像，最终被放大的电子影像投射在观察室内的荧光屏板上；荧光屏将电子影像转化为可见光影像以供使用者观察。

由于电子易散射或被物体吸收，故穿透力低，样品的密度、厚度等都会影响到最后的成像质量，必须制备更薄的超薄切片，通常为 50~100nm。所以用透射电子显微镜观察时的样品需要处理得很薄。

（三）应用

早期的透射电子显微镜功能主要是观察样品形貌，后来发展到可以通过电子衍射原位分析样品的晶体结构。具有能将形貌和晶体结构原位观察的两个功能是其他结构分析仪器（如光镜和 X 射线衍射仪）所不具备的。透射电子显微镜增加附件后，其功能可以从原来的样品内部组织形貌观察（TEM）、原位的电子衍射分析（Diff），发展到还可以进行原位的成分分析（能谱仪 EDS、特征能量损失谱 EELS）、表面形貌观察（二次电子像 SED、背散射电子像 BED）和扫描透射像（STEM）。结合样品台设计成高温台、低温台和拉伸台，透射电子显微镜还可以在加热状态、低温冷却状态和拉伸状态下观察样品动态的组织结构、成分的变化，使透射电子显微镜的功能和应用范围进一步拓宽。

三、扫描电子显微镜法

（一）简介

扫描电子显微镜（scanning electron microscope，SEM），简称扫描电镜，是继透射电镜（TEM）之后发展起来的一种电子显微镜，是一种介于透射电子显微镜和光学显微镜之间的观察手段，可用于高分辨率微区形貌分析。其利用聚焦的很窄的高能电子束来扫描样品，通过光束与物质间的相互作用，来激发各种物理信息，对这些信息收集、放大、再成像，以达到对物质微观形貌表征的目的。具有景深大、分辨率高，成像直观、立体感强、放大倍数范围宽以及待测样品可在三维空间内进行旋转和倾斜等特点。另外具有可测样品种类丰富，几乎不损伤和污染原始样品以及可同时获得形貌、结构、成分和结晶学信息等优点。此外，扫描电子显微镜和其他分析仪器相结合，可以做到观察微观形貌的同时进行物质微区成分分析。

（二）原理

扫描电子显微镜广泛应用于观察各种固态物质的表面超微结构的形态和组成。扫描电镜成像过程与电视成像过程有很多相似之处，而与透射电镜的成像原理完全不同。透射电镜是利用成像电磁透镜一次成像，而扫描电镜的成像则不需要成像透镜，其图像是按一定时间、空间顺序逐点形成并在镜体外显像管上显示。扫描电子显微镜的电子束不穿过样品，仅以电子束尽量聚焦在样本的一小块地方，然后一行一行地扫描样本。入射的电子导致样本表面被激发出次级电子。显微镜观察的是这些每个点散射出来的电子，放在样品旁的闪烁晶体接收这些次级电子，通过放大后调制显像管的电子束强度，从而改变显像管荧光屏上的亮度。图像为立体形象，反映了标本的表面结构。显像管的偏转线圈与样品表面上的电子束保持同步扫描，这样显像管的荧光屏就显示出样品表面的形貌图像，这与工业电视机的工作原理相类似。由于这样的显微镜中电子不必透射样本，因此其电子加速的电压不必非常高。

扫描电子显微镜的分辨率主要取决于样品表面上电子束的直径。放大倍数是显像管上扫描幅度与样品上扫描幅度之比，可从几十倍连续地变化到几十万倍。扫描电子显微镜不需要很薄的样品；图像有很强的立体感；能利用电子束与物质相互作用而产生的次级电子、吸收电子和 X 射线等信息分析物质成分。

（三）应用

扫描电子显微镜是一种多功能的仪器，具有很多优越的性能，是用途广泛的一种仪器，它可以进行三维形貌的观察和分析，在观察形貌的同时，进行微区的成分分析。近年来，扫描电子显微镜发展迅速，又综合了 X 射线分光谱仪、电子探针以及其他许多技术而发展成为分析型的扫描电子显微镜，仪器结构不断改进，分析精度不断提高，应用功能不断扩大，目前已广泛用于材料科学（金属材料、非金属材料、纳米材料）、冶金、生物学、医学、半导体材料与器件、地质勘探、病虫害的防治、灾害（火灾、失效分析）鉴定、刑事侦查、宝石鉴定、工业生产中的产品质量鉴定及生产工艺控制等领域。

四、红外吸收光谱法

（一）简介

红外吸收光谱（infrared absorption spectroscopy，IR）是利用物质分子对红外光

的吸收及产生的红外吸收光谱来鉴别分子的组成和结构的定性或定量方法。当以连续波长的红外光为光源照射样品，引起分子振动能级之间跃迁，所生成的分子振动光谱称为红外吸收光谱。在引起分子振动能级跃迁的同时不可避免地要引起分子转动能级之间的跃迁，故红外吸收光谱又称振—转光谱。

（二）原理

当一束具有连续波长的红外光通过物质，物质分子中某个基团的振动频率或转动频率和红外光的频率一样时，分子就吸收能量由原来的基态振（转）动能级跃迁到能量较高的振（转）动能级，分子吸收红外辐射后发生振动和转动能级的跃迁，该处波长的光就被物质吸收。所以，红外光谱法实质上是一种根据分子内部原子间的相对振动和分子转动等信息来确定物质分子结构和鉴别化合物的分析方法。将分子吸收红外光的情况用仪器记录下来，就得到红外光谱图。红外光谱图通常以波长（λ）或波数（σ）为横坐标，表示吸收峰的位置，以透光率（$T\%$）或者吸光度（A）为纵坐标，表示吸收强度。

当外界电磁波照射分子时，如照射的电磁波的能量与分子的两能级差相等，该频率的电磁波就被该分子吸收，从而引起分子对应能级的跃迁，宏观表现为透射光强度变小。电磁波能量与分子两能级差相等为物质产生红外吸收光谱必须满足条件之一，这决定了吸收峰出现的位置。

红外吸收光谱产生的第二个条件是红外光与分子之间有偶合作用，为了满足这个条件，分子振动时其偶极矩必须发生变化。这实际上保证了红外光的能量能传递给分子，这种能量的传递是通过分子振动偶极矩的变化来实现的。并非所有的振动都会产生红外吸收，只有偶极矩发生变化的振动才能引起可观测的红外吸收，这种振动称为红外活性振动；偶极矩等于零的分子振动不能产生红外吸收，称为红外非活性振动。

组成分子的各种基团都有自己特定的红外特征吸收峰。不同化合物中，同一种官能团的吸收振动总是出现在一个窄的波数范围内，但它不是出现在一个固定波数上，具体出现在哪一波数，与基团在分子中所处的环境有关。

红外谱带的强度是一个振动跃迁概率的量度，而跃迁概率与分子振动时偶极矩的变化大小有关，偶极矩变化越大，谱带强度越大。偶极矩的变化与基团本身固有的偶极矩有关，故基团极性越强，振动时偶极矩变化越大，吸收谱带越强；分子的对称性越高，振动时偶极矩变化越小，吸收谱带越弱。

红外光谱分析特征性强。对气体、液体、固体试样都可测定，并具有用量少、分析速度快等特点，因此，红外光谱法不仅与其他许多分析方法一样，能进行定性

和定量分析，而且该法是鉴定化合物和测定分子结构最有用的方法之一。

（三）应用

红外光谱在化学领域中的应用是多方面的。它不仅用于结构的基础研究，如确定分子的空间构型，求出化学键的力常数、键长和键角等，而且广泛地用于化合物的定性、定量分析和化学反应的机理研究等。但是红外光谱应用最广的还是有机化合物的定性鉴定和结构分析。

五、激光拉曼光谱法

（一）简介

拉曼光谱法是研究化合物分子受光照射后所产生的散射，散射光与入射光能级差和化合物振动频率、转动频率关系的分析方法。与红外光谱类似，拉曼光谱也是一种振动光谱技术。所不同的是，红外光谱与分子振动时偶极矩变化相关，而拉曼效应则是分子极化率改变的结果，被测量的是非弹性的散射辐射。

（二）原理

激光拉曼光谱法是以拉曼散射为理论基础的一种光谱分析方法。

拉曼散射：当激发光的光子与作为散射中心的分子相互作用时，大部分光子只是发生改变方向的散射，而光的频率并没有改变，有占总散射光的 $10^{-10} \sim 10^{-6}$ 的散射，不仅改变了传播方向，也改变了频率。这种频率变化了的散射就称为拉曼散射。

对于拉曼散射来说，分子由基态 E_0 被激发至振动激发态 E_1，光子失去的能量与分子得到的能量相等，为 ΔE，反映了指定能级的变化。因此，与之相对应的光子频率也是具有特征性的，根据光子频率变化就可以判断出分子中所含有的化学键或基团。这就是拉曼光谱可以作为分子结构的分析工具的理论基础。

激光拉曼光谱仪分析是一种非破坏性的微区分析手段，液体、粉末及各种固体样品均无须特殊处理即可用于拉曼光谱的测定。拉曼光谱可以单独或与其他技术（如 X 射线衍射光谱、红外吸收光谱、中子散射等）结合起来应用，可方便地确定离子、分子种类和物质结构。其应用主要是对各种固态、液态、气态物质的分子组成、结构及相对含量等进行分析，实现对物质的鉴别与定性。

激光拉曼光谱仪的主要部件有：激光光源、样品池、单色器、光电检测器、记录仪和计算机。

激光光源：多用连续式气体激发器，有主要波长为 632.8nm 的 He—Ne 激光器和主要波长为 514.5nm 和 488.0nm 的 Ar 离子激光器。

样品池：常用微量毛细管以及常量的液体池、气体池和压片样品架等。

单色器：激光拉曼光谱仪的心脏，可以最大限度地降低杂散光且色散性能好。常用光栅分光，并采用双单色器以增强效果。

检测系统：对于可见光谱区的拉曼散射光，可用光电倍增管作为检测器。以光子计数器进行检测，它的测量范围可达几个数量级。

（三）应用

1. 有机化学方面

拉曼光谱在有机化学方面主要是用作结构鉴定。拉曼位移的大小、强度及拉曼峰形状是确定化学键、官能团的重要依据。利用偏振特性，拉曼光谱还可以作为顺、反式结构判断的依据。

2. 高聚物方面

拉曼光谱可以提供关于碳链或环的结构信息，在确定异构体（单体异构、位置异构、几何异构和空间立现异构等）的研究中拉曼光谱可以发挥其独特作用。电活性聚合物，如聚吡咯、聚噻吩等的研究常以拉曼光谱为工具，在高聚物的工业生产方面，如对受挤压线性聚乙烯的形态、高强度纤维中紧束分子的观测以及聚乙烯磨损碎片结晶度的测量等研究中都采用了拉曼光谱。

3. 生物方面

拉曼光谱是研究生物大分子的有力手段，由于水的拉曼光谱很弱，谱图又很简单，故拉曼光谱可以在接近自然状态、活性状态下来研究生物大分子的结构及其变化。拉曼光谱在蛋白质二级结构的研究、DNA 和致癌物分子间的作用、视紫红质在光循环中的结构变化、动脉硬化操作中的钙化沉积和红细胞膜等研究中的应用均有文献报道。

4. 表面和薄膜方面

拉曼光谱已成 CVD（化学气相沉积法）制备薄膜的检测和鉴定手段。另外，LB（Langmuir-Blodgett）膜的拉曼光谱研究、二氧化硅薄膜氮化的拉曼光谱研究都已见报道。

六、紫外—可见分光光度法

（一）简介

紫外—可见分光光度法（ultraviolet and visible spectrophotometry，UV-Vis）是在190~800nm 波长范围内测定物质的吸光度，用于鉴别、杂质检查和定量测定的方法。当光穿过被测物质溶液时，物质对光的吸收程度随光的波长不同而变化。因此，通过测定物质在不同波长处的吸光度，并绘制其吸光度与波长的关系图，即得被测物质的吸收光谱。从吸收光谱中，可以确定最大吸收波长 λ_{max} 和最小吸收波长 λ_{min}。物质的吸收光谱具有与其结构相关的特征性。因此，可以通过特定波长范围内样品的光谱与对照光谱或对照品光谱的比较，或通过确定最大吸收波长，或通过测量两个特定波长处的吸收比值而鉴别物质。用于定量时，在最大吸收波长处测量一定浓度样品溶液的吸光度，并与一定浓度的对照溶液的吸光度进行比较或采用吸收系数法求算出样品溶液的浓度。

（二）原理

单色光辐射穿过被测物质溶液时，在一定的浓度范围内被该物质吸收的量与该物质的浓度和液层的厚度（光路长度）成正比，其关系可以用朗伯—比尔定律表述如下：

$$A = \lg(1/T) = EcL$$

式中：A——吸光度；

T——透光率；

E——吸收系数，常用的表示方法，其物理意义为当溶液浓度为 1%（g/mL），液层厚度为 1cm 时的吸光度数值；

c——100mL 溶液中所含物质的质量（按干燥品或无水物计算），g；

L——液层厚度，cm。

上述公式中吸收系数也可以摩尔吸收系数 ε 来表示，其物理意义为溶液浓度 c 为 1mol/L 和液层厚度为 1cm 时的吸光度数值。在最大吸收波长处摩尔吸收系数表示为 ε_{max}。

物质对光的选择性吸收波长，以及相应的吸收系数是该物质的物理常数。在一定条件下，物质的吸收系数是恒定的，且与入射光的强度、吸收池厚度及样品浓度无关。当已知某纯物质在一定条件下的吸收系数后，可用同样条件将样品配成溶液，测定其吸光度，即可由上式计算出样品中该物质的含量。在可见光区，除某些物质对光有吸收外，很多物质本身并没有吸收，但可在一定条件下加入显色试剂或经过处理使其显色后再测定，故称为比色分析。

（三）应用

（1）定量分析，广泛用于各种物料中微量、超微量和常量的无机和有机物质的测定。

（2）定性和结构分析，紫外吸收光谱还可用于推断空间阻碍效应、氢键的强度、互变异构、几何异构现象等。

（3）反应动力学研究，即研究反应物浓度随时间而变化的函数关系，测定反应速度和反应级数，探讨反应机理。

（4）研究溶液平衡，如测定络合物的组成，稳定常数、酸碱离解常数等。

七、荧光分析法

（一）简介

荧光分析法（fluorescence analysis）是指利用某些物质被紫外光照射后处于激发态，激发态分子经历一个碰撞及发射的去激发过程所发生的能反映出该物质特性的荧光，可以进行定性或定量分析的方法。有些物质本身不发射荧光（或荧光很弱），这就需要把不发射荧光的物质转化成能发射荧光的物质。例如用某些试剂（如荧光染料），使其与不发射荧光的物质生成能发射荧光的络合物再进行测定。荧光试剂的使用为一些原来不能发射荧光的无机物质和有机物质进行荧光分析打开了大门，扩展了分析的范围。

荧光：当某种常温物质经某种波长的入射光（通常是紫外线或 X 射线）照射，吸收光能后进入激发态，并立即激发并发出比入射光的波长长的出射光（通常波长在可见光波段）；且一旦停止入射光，发光现象也随之立即消失。

（二）原理

某些化学物质能从外界吸收并储存能量（如光能、化学能等）而进入激发态，当其从激发态再回复到基态时，过剩的能量可以电磁辐射的形式放射（即发光）。荧光发射的特点是：可产生荧光的分子或原子在接受能量后即刻引起发光；而一旦停止供能，发光（荧光）现象也随之在瞬间内消失。发射荧光的光量子数也即荧光强度，除受激发光强度影响外，也与激发光的波长有关。各个荧光分子有其特定的吸收光谱和发射光谱（荧光光谱），即在某一特定波长处有最大吸收峰和最大发射峰。

物质的激发光谱和荧光发射光谱可以用作该物质的定性分析。当激发光强度、波长、所用溶剂及温度等条件固定时，物质在一定浓度范围内，其发射光强度与溶液中该物质的浓度呈正比，可以用作定量分析。荧光分析法的灵敏度一般较紫外分光光度法或比色法高，浓度太大的溶液会有"自熄灭"作用，故荧光分析法应在低浓度溶液中进行。

（三）应用

有机化合物的荧光分析应用很广泛，能测定的有机物质有数百种之多，如酶和辅酶的荧光分析、农药和毒药的荧光分析、氨基酸和蛋白质的荧光分析、核酸的荧光分析，这些构成了荧光分析技术的主要内容。许多有机化合物在紫外线的照射下，发出的荧光并不强或不发出荧光，因此必须使用某些有机试剂，以便生成的产物在紫外线照射下能发射强的荧光。例如，脂肪族有机化合物就是用间接方法测定的。

某些无机元素也可以进行荧光分析，然而，在紫外线照射下能直接发射荧光的化学元素并不很多，所以对一些元素进行荧光分析时大部分采用间接测定法，就是用有机试剂与被测定的元素组成络合物。这些络合物在紫外线照射下能发射出不同波长的荧光，然后由荧光强度测定出该元素的含量。由于有机荧光试剂的品种繁多，用荧光分析可测定的元素有 60 多种，铍、铝、硼、镓、硒、镁、稀土元素常采用荧光分析法。

总体来说，荧光光谱法具有灵敏度高（适用于痕量物质检测，灵敏度比紫外—可见分光光度法高 2~4 个数量级）、选择性好等优点，但其应用还不够广泛，主要原因是能发出荧光的物质不具普遍性、增强荧光的方法有限、外界环境对荧光量子效率影响大、干扰测量的因素较多。

八、热重量分析法

（一）简介

热重量分析（thermogravimetric analysis，TGA）简称热重分析，是在程序控制温度下，测量物质的质量与温度或时间关系的方法。通过分析热重曲线可以得知样品及其可能产生的中间产物的组成、热稳定性、热分解情况及生成的产物等与质量相联系的信息。

热重量分析的主要特点是定量性强，能准确地测量物质的质量变化及变化的速率。根据这一特点，可以说，在温度变化过程中存在质量变化的反应，基本都能够通过热重量分析表现出来，例如物理变化蒸发、升华、吸收、吸附和脱附等，对于许多化学反应，热重量分析也可提供有关化学现象的信息，如化学吸附、脱溶剂（尤其是脱水）、分解和固相—气相反应（如氧化或还原）等。

（二）原理

热重量分析涉及在各种不同的温度下连续测量试样的质量。记录质量随温度变化关系得到的曲线称为热重量曲线（或 TG 曲线）。

热重分析仪中心为一个加热炉。其中样品加热装置以机械方式与一个分析天平相连接，称为热重分析仪的热天平。现代热量分析仪仪器的必不可少的部件是天平、加热炉和仪器控制部分及数据处理系统，核心是热天平，此外热重分析仪还有盛放样品的容器。仪器控制部分包括温度测量和控制、自动记录质量和温度变化的装置和控制试样周围气氛的设备。

热重分析仪的炉体为加热体，在一定的温度程序下运作，炉内可通以不同的动态气氛（如 N_2、Ar、He 等保护性气氛，O_2、空气等氧化性气氛及其他特殊气氛等），或在真空或静态气氛下进行测试。在测试进程中样品支架下部连接的高精度天平随时感知样品当前的重量，并将数据传送到计算机，由计算机画出样品重量对温度/时间的曲线（TG 曲线）。当样品发生重量变化（其原因包括分解、氧化、还原、吸附与解吸附等）时，会在 TG 曲线上体现为失重（或增重）台阶，由此可以得知该失/增重过程所发生的温度区域，并定量计算失/增重比例。若对 TG 曲线进行一次微分计算，得到热重微分曲线（DTG 曲线），可以进一步得到重量变化速率等更多信息。热重（TG）曲线，表征了样品在程序温度过程中重量随温度/时间变化的情况，其纵坐标为重量百分比，表示样品在当前温度/时间下的重量与初始重量的比值。

热重微分（DTG）曲线（即 dm/dt 曲线，TG 曲线上各点对时间坐标取一次微分做出的曲线），表征重量变化的速率随温度/时间的变化，其峰值点表征了各失/增重台阶的重量变化速率最快的温度/时间点。

试样的物理性能、加热速率、试样量、试样颗粒大小和试样的填装情况等都会影响 TG 曲线。

（三）应用

热重量分析方法广泛应用于塑料、橡胶、涂料、药品、催化剂、无机材料、金属材料和复合材料等各领域的研究开发、工艺优化与质量监控。

①可以测定材料在不同气氛下的热稳定性与氧化稳定性，可对分解、吸附、解吸附、氧化、还原等物化过程进行分析，包括利用热重量分析测试结果进一步作表观反应动力学研究。

②可对物质进行成分的定量计算，测定水分、挥发成分及各种添加剂与填充剂的含量。

第二章
无机材料实验

实验一 纳米钛酸钡粉体的制备和表征

一、实验目的

❖ 掌握使用直接沉淀法合成纳米 $BaTiO_3$ 粉体的基本技能。

❖ 通过化学分析方法测定产物中 $BaTiO_3$ 的含量。

❖ 了解 X 射线粉末衍射技术在表征纳米材料方面的应用。

二、实验原理

$BaTiO_3$ 具有高的介电常数，良好的铁电、压电、耐压及绝缘性能，是电子和陶瓷工业中的关键材料，广泛应用于陶瓷电容器、PTC 元件、压电换能器等电子元器件的制造业中，被誉为"电子工业的支柱"。

纳米 $BaTiO_3$ 粉体的制备方法一直是纳米粉体制备技术中的一个研究热点。采用固相法、溶胶—凝胶法、水热法、草酸盐共沉淀法等制备纳米 $BaTiO_3$ 粉体的报道比较多。固相法制备的粉体颗粒粒径大、组分分布不均匀，且需要球磨易引入杂质，已经不适应 $BaTiO_3$ 粉体高纯化、超细化的要求，有逐步被液相法取代的趋势。利用溶胶—凝胶法虽然可以制得粒径小且分散良好的 $BaTiO_3$，但其原料成本高，且需高温煅烧后才能转化为 $BaTiO_3$ 粉体，这不仅增加了能耗，而且在高温煅烧过程中往往造成晶粒的长大和颗粒的硬团聚。水热法则需要高温、高压的反应条件，对设备要求高，操作控制也较为复杂。草酸盐共沉淀法是工业上最为普遍应用的一种制备方法，但共沉淀法存在的问题是需要在 1000℃ 以上进行热分解来制备 $BaTiO_3$，难以制备小粒径 $BaTiO_3$ 粉体。

直接沉淀法合成的 $BaTiO_3$ 产品质量好、工艺条件简单、原料成本低，适合工业化大规模生产。其主要反应方程式为：

$$TiCl_4 + H_2O \longrightarrow TiOCl_2 + 2HCl \tag{1}$$

$$TiOCl_2 + BaCl_2 + 4NaOH \longrightarrow BaTiO_3\downarrow + 4NaCl + 2H_2O \tag{2}$$

其中水解过程（1）又分两步进行：

$$TiCl_4 + H_2O \longrightarrow Ti(OH)Cl_3 + HCl \tag{3}$$

$$Ti(OH)Cl_3 \longrightarrow TiOCl_2 + HCl \tag{4}$$

工艺流程如图 2-1 所示，$TiCl_4$ 水溶液中的钛最后主要以二氯氧钛（$TiOCl_2$）的形式存在。

OH^- 对 $BaTiO_3$ 产率的影响效果：$BaTiO_3$ 的生成反应主要是溶解—沉淀机理，即 TiO^{2+} 首先和 OH^- 反应，生成 $TiO(OH)_2$（反应 5），然后再和 OH^- 反应转化为 TiO_3^{2-}（反应 6），最后才能生成 $BaTiO_3$ 沉淀（反应 7），该过程的关键步骤是反应 6，即 TiO_3^{2-} 的生成步骤。而在这步反应的初期，随着 OH^- 浓度的增大，$BaTiO_3$ 的收率明显提高。当继续提高 OH^- 浓度，已经不能使更多的 TiO^{2+} 转化为 TiO_3^{2-}。因此，反应中的 $[OH^-]/[Ti^{4+}] > 6.0$ 后，已经不能提高 $BaTiO_3$ 的收率。

$$TiO^{2+} + 2OH^- \longrightarrow TiO(OH)_2 \tag{5}$$

$$TiO(OH)_2 + 2OH^- \longrightarrow TiO_3^{2-} + 2H_2O \tag{6}$$

$$TiO_3^{2-} + Ba^{2+} \longrightarrow BaTiO_3\downarrow \tag{7}$$

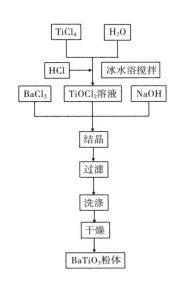

图 2-1 直接沉淀法制备纳米 $BaTiO_3$ 粉体的工艺流程

三、仪器与试剂

（一）仪器

电子天平、烧杯、水浴锅、玻璃棒、抽滤装置、烘箱、定性分析滤纸、定量分析滤纸、X 射线粉末衍射仪、电阻炉、坩埚、马弗炉。

（二）试剂

$TiCl_4$（分析纯）、$BaCl_2$（分析纯）、NaOH（6mol/L）、$BaTiO_3$（分析纯，电子

工业级）、盐酸（分析纯）、甲基橙指示剂（1g/L）、硫酸铵[$(NH_4)_2SO_4$，250g/L]、硝酸银（$AgNO_3$，10g/L）、氨水（1∶1）、乙二胺四乙酸二钠的氨性溶液（称取38g乙二胺四乙酸二钠溶于1000mL 1∶5的氨水溶液中）。

四、实验内容

（一）纳米 $BaTiO_3$ 粉体的制备与表征

四氯化钛基本性质：$M(TiCl_4) = 189.679g/mol$，$\rho(TiCl_4) = 1.726g/cm^3$，$c(TiCl_4) = 9.0996mol/L$。

（1）在避光环境下，向1L容量瓶中加入约1/5体积的冰水混合物，逐渐滴加274.74mL的 $TiCl_4$ 溶液，最后用蒸馏水定容至刻度，得到浓度为2.5mol/L的澄清透明的 $TiOCl_2$ 溶液，记为A液。

（2）配制浓度为1.2mol/L的 $BaCl_2$ 溶液，记为B液。

（3）在40~50℃的水浴条件下，将20mL A液缓慢滴加到45mL B液中，搅拌，制得反应液，如遇不溶，加水搅拌至完全溶解为止。

（4）将6mol/L的NaOH溶液逐滴加入反应液中，同时搅拌，直至溶液的pH约为13，滴加完毕后继续搅拌15min。

（5）将所得沉淀抽滤2~3次并烘干，得到纳米 $BaTiO_3$ 粉体。

（6）通过X射线粉末衍射技术进行表征，实验结果可参考图2-2。

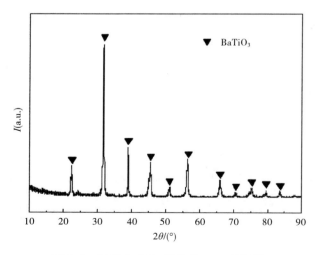

图2-2　纳米 $BaTiO_3$ 粉体的 XRD 衍射谱

（7）计算 $BaTiO_3$ 的理论产量、实际产量及产率（需预先称量干燥器质量）。

（二）纳米 $BaTiO_3$ 粉体中 $BaTiO_3$ 含量的测定

（1）称取约 0.5g 试样（电子工业级 $BaTiO_3$，精确至 0.0002g），置于 200mL 烧杯中，加少量水润湿试样，摇动。

（2）加入 15mL 盐酸（1∶3），置于电炉上方距电炉约 5cm 处缓慢加热，边加热边摇动，待其晶型转化后（即溶液由无色变为浅黄色再变为无色，试样成为松散状颗粒），此时再加入 15mL 水，继续加热至试样完全溶解。

（3）用慢速定性滤纸过滤，用热水洗涤不溶物至滤液无氯离子（用硝酸银溶液检验），收集滤液及洗液于 500mL 烧杯中。

（4）加入 50mL 乙二胺四乙酸二钠的氨性溶液，调整溶液体积至 300mL，加 1 滴甲基橙指示液，滴加氨水调整溶液刚好呈黄色，加热至沸腾，在不断搅拌下加入 20mL 硫酸铵溶液。

（5）移至水浴保温沉化 30min 以上。用慢速定量滤纸过滤，用热水洗涤沉淀至无氯离子（以硝酸银溶液检验）。

（6）将沉淀连同滤纸置于已在 800~850℃ 下干燥至恒重的瓷坩埚中，低温灰化，然后于 800~850℃ 下灼烧 40min，于干燥器中冷却，称量，再灼烧直至恒重。

（7）计算 $BaTiO_3$ 的纯度（需预先称量干燥器质量）。

五、数据处理

（1）$BaTiO_3$：理论产量＝_____；实际产量＝_____；产率＝_____。

（2）电子工业级 $BaTiO_3$ 的纯度＝_____。

$BaTiO_3$ 纯度的计算公式：

$$w = 0.9992 \times (m_1/m_0) \times 100\%$$

式中：w——样品中 $BaTiO_3$ 的百分含量；

　　　m_1——灼烧得到沉淀的质量，g；

　　　m_0——称取 $BaTiO_3$ 样品的质量，g；

　0.9992——$BaSO_4$ 转换成 $BaTiO_3$ 的转换系数。

思考题

1. $TiCl_4$ 的水解为什么要在冰水浴中进行？

2. 在 $BaTiO_3$ 含量的测定中，先后两次加入硝酸银检测氯离子的目的分别是什么？

3. 乙二胺四乙酸二钠的作用是什么？甲基橙的作用又是什么？为什么要用氨水调节溶液至刚好呈黄色？

参考文献

［1］王松泉，刘晓林，陈建峰，等. 直接沉淀法制备纳米钛酸钡粉体的表征与介电性能［J］. 北京化工大学学报（自然科学版），2004，31（4）：32-35.

［2］续京，宫鹏，秦喜梅. 四氯化钛水解特性的研究［J］. 石油化工应用，2009（6）：23-25.

［3］高景龙，李勇，何金桂，等. 微乳液—直接沉淀法合成纳米 $BaTiO_3$ 粉体［J］. 化学与粘合，2010（2）：20-22.

［4］冯向琴，陶香君，李鹏飞，等. 钛酸钡含量的测定方法［J］. 福建分析测试，2015，24（2）：34-36.

［5］全国化学标准化技术委员会无机化工分会. HG/T 3587—1999 电子工业用高纯钛酸钡［S］. 北京：化工出版社，2010.

［6］曲阜师范大学，材料化学实验，课程教学大纲. https：//chem. qfnu. edu. cn/info/1020/1788. htm.

附：电子工业用高纯钛酸钡杂质含量及要求

项目		指标		
		优等品	一等品	合格品
氧化钡与二氧化钛摩尔比（BaO/TiO₂）		1.000±0.003	1.000±0.005	1.000±0.010
钛酸钡（BaTiO₃）含量/%	≥	99.9	99.5	99.0
氧化锶（SrO）含量/%	≤	0.010	0.20	0.40
氧化钠（Na₂O）含量/%	≤	0.005	0.02	0.10
氧化钾（K₂O）含量/%	≤	0.005	0.01	0.015
氧化铝（Al₂O₃）含量/%	≤	0.005	0.03	0.10
二氧化硅（SiO₂）含量/%	≤	0.005	0.05	0.10
氧化铁（Fe₂O₃）含量/%	≤	0.003	0.008	0.015
氧化镁（MgO）含量/%	≤	0.001	0.005	0.010
平均粒径/μm	≤	1.0	1.2	1.45

实验二　离子液体辅助液相法制备二氧化锰

一、实验目的

❖通过实验掌握二氧化锰（MnO_2）的制备方法。

❖了解离子液体的分类及应用。

❖掌握 X 射线粉末衍射法等常用材料分析方法。

二、实验原理

离子液体（或称离子性液体）是指全部由离子组成的液体，如高温下的 KCl、KOH 呈液体状态，此时它们就是离子液体。在室温或室温附近温度下呈液态的由离子构成的物质，称为室温离子液体、室温熔融盐、有机离子液体等。

离子液体不燃烧，导电性好，热稳定性高，几乎无蒸汽压，在较宽的温度范围内为液体。此外，离子液体能够溶解许多有机物和无机物，是优良的溶剂。在离子化合物中，阴、阳离子之间的作用力为静电力，其大小与阴、阳离子的电荷、数量及半径有关，离子半径越大，它们之间的作用力越小，熔点就越低。某些离子化合物的阴、阳离子体积很大，结构松散，导致它们之间的作用力较低，以至于熔点接近室温。离子液体由于没有蒸汽压，使用过程中化学试剂不会扩散到空气中，符合绿色化学的原则，因此被称为"绿色溶剂"。

常规离子液体根据阳离子的不同，可以分为咪唑类、吡啶类、季鏻类、噻唑和吡唑类等，在这些类型中对咪唑类离子液体的研究最多。而常见的阴离子又可分为无机阴离子和有机阴离子，主要有 PF_6^-、BF_4^-、X^-、HSO_4^-、CH_3COO^-、NO_3^-、$SnCl_3^-$、$AlCl_4^-$ 等。

自然界中 MnO_2 以多种晶型存在，如 α、β、γ、δ 等，不同的晶型有不同的晶体结构，如图 2-3 所示，从而具有不同的物理化学性能。目前比较公认的 MnO_2 微观结构是：氧原子处于八面体顶点上，锰原子处于八面体的中心，$[MnO_6]$ 八面体共棱连接成

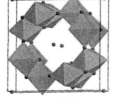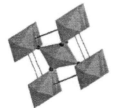

(a)α-MnO_2　　　　(b)γ-MnO_2

图 2-3　α-MnO_2 和 γ-MnO_2 的晶体结构

单链和双链结构，这些链和其他链共顶点，形成孔隙和隧道结构。不同晶型的 MnO_2 以 [MnO_6] 八面体为基础，与相邻的八面体沿棱或顶点相结合，形成各种晶型。其结构主要分为两类：一类是隧道结构，如 α、β、γ 型 MnO_2 就是隧道结构；另一类是层状结构，如 δ 型 MnO_2 就是属于这一类，Na^+、Mg^{2+}、Cu^{2+} 等阳离子多存在于层状或孔道中，使结构更加稳定。

本实验通过 $MnCl_2$ 和 $KMnO_4$ 之间的氧化还原反应制备 MnO_2，在该合成体系中引入离子液体 1-丁基-3-甲基咪唑四氟硼酸盐（[BMIM]BF_4），发现离子液体在无机材料制备方面的潜力，丰富离子液体的应用领域。

三、仪器与试剂

（一）仪器

试管（10mL）、吸量管（1mL）、注射器（1mL）、电子天平、磁力搅拌器、恒温水浴、离心机、滴管。

（二）试剂

四水合二氯化锰（$MnCl_2 \cdot 4H_2O$，分析纯）、高锰酸钾（$KMnO_4$，分析纯）、1-丁基-3-甲基咪唑四氟硼酸盐（[BMIM] BF_4，分析纯）、无水乙醇（分析纯）。

四、实验内容

（一）α-MnO_2 的制备

称取 0.036g $MnCl_2 \cdot 4H_2O$ 于试管中，在磁力搅拌下溶解于 0.8mL 离子液体 [BMIM] BF_4 中，另称取 0.010g $KMnO_4$ 溶于 0.8mL 蒸馏水中。将 $MnCl_2$ 离子液体溶液水浴加热到 90℃，用注射器快速加入 $KMnO_4$ 水溶液，将该混合溶液在 90℃ 保温 1h 后冷却至室温，离心得到粉末产物（离心转速 10000r/min，时间 2min）。将产物加水后超声分散，离心分离，用滴管移除上层清液，再用水和无水乙醇按照前面操作依次洗涤 2~3 次，干燥得到样品 1。

（二）γ-MnO_2 的制备

称取 0.036g $MnCl_2 \cdot 4H_2O$ 于试管中，在磁力搅拌下溶解于 0.8mL 蒸馏水中，另称取 0.010g $KMnO_4$ 溶于 0.8mL 蒸馏水中。将 $MnCl_2$ 水溶液水浴加热到 90℃，用注射器快速加入 $KMnO_4$ 水溶液，将该混合溶液在 90℃ 保温 1h 后冷却至室温，离心得到粉末产物。离心和洗涤操作同上，干燥得到样品 2。

五、数据记录结果与处理

利用 X 射线粉末衍射仪收集所得样品的粉末衍射数据，将产物的物相测试结果与标准 PDF 卡片进行对比。实验结果列于表 2-1。

表 2-1　样品 1（α-MnO_2）的实验数据记录

α-MnO_2 对应 PDF 卡片号：____

序号	实验结果			标准卡片			
	$2\theta/(°)$	晶面间距 d/nm	相对强度 I/I_0	$2\theta/(°)$	晶面间距 d/nm	相对强度 I/I_0	hkl
1							
2							
3							

表 2-2　样品 2（γ-MnO_2）的实验数据记录

γ-MnO_2 对应 PDF 卡片号：____

序号	实验结果			标准卡片			
	$2\theta/(°)$	晶面间距 d/nm	相对强度 I/I_0	$2\theta/(°)$	晶面间距 d/nm	相对强度 I/I_0	hkl
1							
2							
3							

思考题

1. 查阅文献思考离子液体［BMIM］BF_4 在反应体系中起什么作用？

2. 对于制备 α-MnO_2 实验而言，采用离心分离有什么好处？

参考文献

［1］曲荣君. 材料化学实验［M］. 北京：化学工业出版社，2015.

［2］陈娜. 离子液体辅助条件下特异形貌氧化锰的可控制备研究［D］. 西安：陕西师范大学，2011.

实验三 氧化铝粉末的压片成型

一、实验目的

❖ 掌握粉末原料成型的基本过程。
❖ 了解影响成型的基本因素。

二、实验原理

随着生产和科学技术的发展，成型工艺已经渗入许多重要行业，如建筑材料、耐火材料、医药等。化学工业的发展很大程度上依赖催化剂的开发，催化剂通过加工成型，就能根据催化反应及其反应装置要求，提供适宜形状、大小和机械强度的颗粒催化剂，并使催化剂充分发挥其活性和选择性，延长催化剂的使用寿命。

（一）常见的成型方法

压缩成型法、挤出成型法、转动成型法、喷雾成型法等，其中压缩成型法是工业上应用最为广泛的成型方法之一。与其他催化剂成型方法相比，压缩成型法具有以下特点：

（1）成型产物质量均匀，颗粒尺寸均一。

（2）所获得的产品堆积密度高，强度好。

（3）产品的表面较光滑。

（4）采用干粉成型或添加少量黏合剂成型，可以省去或者减少干燥动力消耗，并减少催化剂成分的蒸发损失。

（二）压片的成型

在压缩成型过程（图2-4）中，粉体的空隙减少、颗粒发生变形，颗粒之间的接触面展开，粉体致密化而使颗粒间的黏附力增强。其过程包括填充阶段、增稠阶段、压紧阶段、变形或者损坏阶段和出片阶段，共有五个阶段。

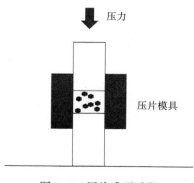

图 2-4　压片成型过程

（三）影响压缩成型的因素

1. 粉体的压缩性

填充在模具中的粉体被压缩的开始阶段，粉体的孔隙率随压力增加而减小。孔隙率逐渐减小，到最后即使压力增大，孔隙率几乎不变。最终成型的密度和粉体真密度相接近。

2. 粉体的粒度分布

填充粉体进行成型时，颗粒间的间隙越小，越能获得理想的成型物。通常，为了获得满意的催化剂成型物，对粉体原料要选择一定的粒度分布。而粉体的最大极限粒径取决于成型产品的大小，成型片小时，最大极限粒径也小。

3. 成型助剂

压缩成型一般在较高压力下进行，为了避免成型物发生层裂、锥状裂纹、缺角或边缘缺损等现象，一般在成型材料中加入少量非金属黏合剂。这些黏合剂对催化剂无害，使用时稳定，或者高温灼烧时能自行挥发。通常，黏合剂用量大时，成型产物的强度高，但成型压力高时，可以适当减少黏合剂的用量。水是常用的黏合剂。

润滑剂也是催化剂压缩成型常用的助剂。压缩成型时，摩擦起着决定性作用，加入润滑剂之后，由于摩擦系数减小，使粉体层的压力传递率增大，同时使脱模推出力减小。石墨是常用的润滑剂。

三、仪器与试剂

（一）仪器

小型压片机、量筒（10mL）、电子天平、烧杯（250mL）、游标卡尺、玻璃棒。

（二）试剂

氧化铝粉末（工业级）、石墨（工业级）、蒸馏水。

四、实验内容

（1）称取 50g 氧化铝样品置于 250mL 烧杯中，加入 10mL 水和 1g 石墨，用玻璃棒搅拌混合至均匀。

（2）将混合后的物料放入压片机的料斗中，开启压片机。可以采用手动或者自动调整转速进行压片。

（3）用游标卡尺测量获得的成型产品的直径和高度。

五、数据记录与处理

实验数据记录于表2-3。

表2-3　压片成型实验数据记录

样品号	1	2	3	4	5	6	7	8	9	10	平均值
直径/mm											
高度/mm											

思考题

1. 影响压片成型效果的因素有哪些？
2. 石墨在成型过程中起到什么作用？

参考文献

［1］曲荣君．材料化学实验［M］．北京：化学工业出版社，2015.
［2］师琳璞，赵延飞，薛建强，等．粒径及成型压力对 α 氧化铝粉体烧结行为的影响［J］．材料开发与应用，2020，35（1）：1-4.

实验四　多孔金属—有机框架（MOFs）的制备与表征

一、实验目的

❖掌握使用溶剂热法合成多孔金属—有机框架（MOFs）材料。
❖掌握利用 X 射线衍射技术对 MOFs 材料进行表征。

二、实验原理

MOFs 材料通常采用的合成方法与常规无机合成方法并没有显著不同，挥发溶剂法、扩散法（又可细分为气相扩散、液相扩散、凝胶扩散等）、水热或溶剂热法、超声和微波法等均可用于 MOFs 合成。这些方法中，以水热或溶剂热法最为常用，绝大多数 MOFs 是采用水热或溶剂热法合成。水热或溶剂热法属液相化学法的范畴，是指在密封的压力容器中，以水或者有机溶剂为介质，在高温高压的条件下进行的化学合成方法。

MOFs 材料具有多孔性。孔隙是指除去客体分子后留下的多孔材料的空间。多孔性是材料应用于催化、气体吸附与分离的重要性质。一般来说，材料的孔径大小受有机配体的长度影响，有机配体越长，除去客体分子后材料的孔径越大。在实际应用中，选择不同的有机配体可以得到不同孔径大小的材料，气体吸附与分离一般选择孔径相对小、孔隙率高的 MOFs 材料；催化应用则选择孔径大的 MOFs 材料。此外，对于蛋白质或肽段的吸附与分离，可利用 MOFs 材料的分子筛效应和性质，按分子的大小或相互作用力的不同进行分离。

MOFs 材料具有结构和功能多样性。MOFs 材料可变的金属中心及有机配体赋予了其结构与功能的多样性。MOFs 材料金属中心的选择几乎覆盖了所有金属，包括主族元素、过渡元素、镧系金属等，其中过渡金属应用较多，如 Zn、Cu、Fe、Ni 等。不同金属的价态、不同的配位能力也导致了不同材料的出现。而对于有机配体的选择，则从最早易坍塌的含氮杂环类配体过渡到稳定性好的羧酸类配体；在解决了 MOFs 材料除去客体分子后容易坍塌的问题后，由于种类繁多的羧酸类配体可供选择及修饰，人们合成了带有一种或多种功能基团的混合 MOFs 材料，不同官能团的组合大幅拓宽了 MOFs 材料的应用范围。

MOFs 材料具有潜在的不饱和配位点。由于二甲基甲酰胺（DMF）、水、乙醇等小溶剂分子的存在，未饱和的金属中心与其进行结合来满足配位需求，经过加热或真空处理后可以去除这些溶剂分子，从而使不饱和金属位点暴露。这些暴露的不饱和金属位点可以通过与 NH_3、H_2S、CO_2 等气体配位而达到气体吸附和分离的作用，也可以与带有氨基或羧基的物质进行配位，从而使 MOFs 材料作为药物载体或肽段分离的有效工具。此外，含有不饱和金属位点的 MOFs 材料也可作为反应的催化剂加速反应的进行。

在溶剂热条件下，5-氨基间苯二甲酸与三氟甲磺酸铜能够构筑结构稳定的 Cu—MOF。Cu—MOF 属于单斜晶系，空间群为 $P2_1/c$。每 2 个铜离子分别和 4 个羧酸根螯合配位，配体中的羧酸以顺顺双齿的形式与铜离子结合，从而提高了配合物的稳定性。金属中心的轴向位置被 2 个 DMF 分子的氧原子占据，4 个配体将每个铜离子连接起来，从而形成 2D 层状结构，层间通过分子间作用力结合形成 3D 框架结构。

三、仪器与试剂

（一）仪器

水热反应釜（25mL）、烘箱、离心管（10mL）、离心机、X 射线粉末衍射仪。

（二）试剂

5-氨基间苯二甲酸（分析纯）、三氟甲磺酸铜 [Cu（Otf）$_2$，分析纯]、硝酸铜 [Cu（NO$_3$）$_2$，分析纯]、N,N-二甲基甲酰胺（DMF，分析纯）、甲醇（MeOH，分析纯）。

四、实验内容

称取 5-氨基间苯二甲酸（0.1mmol，0.0181g）和 Cu（Otf）$_2$（0.1mmol，0.0361g）于聚四氟乙烯反应釜内胆里，加入 5mL DMF 和 5mL MeOH，搅拌使其溶解。将聚四氟乙烯内胆装入不锈钢反应釜里，拧紧后放入烘箱，恒温90℃反应2h。室温冷却15min后，用水冷却反应釜至室温（安全起见，自来水浸泡15min），然后取出反应釜，把聚四氟乙烯反应内胆取出，轻轻打开反应釜内胆的盖子，吸取悬浊液将之转移到离心管，离心后吸走上清液，用 DMF、MeOH 分别洗涤和离心一次，然后烘干，称量并计算产率，将得到的样品进行 X 射线粉末衍射测试，表征 Cu—MOF 材料的相纯度，结果可参考图 2-5。

相关因素探究如下：

（1）探讨不同铜盐，如 $CuCl_2$、$Cu(NO_3)_2$、$Cu(Otf)_2$ 等对产物的影响。

（2）探究配体和金属盐的比例，如 1：1、1：2、2：1 对反应产率的影响。

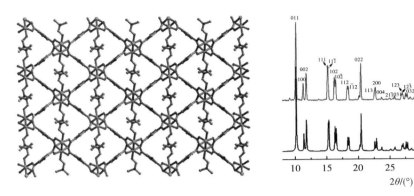

图 2-5　金属—有机框架的晶体结构图及其 PXRD 参考图

思考题

1. 使用溶剂热法时需要注意的安全事项有哪些？

2. 分析影响金属—有机框架材料的产率和纯度的因素。

参考文献

［1］刘小慧，苏紫珊，谢炜桃，等．制备金属—有机框架材料的教学实验设计［J］．化学教育，2020，41（4）：69-72.

［2］Xu W Q，He S，Lin C C. A copper-based metal-organic framework：Synthesis，modification and VOCs adsorption［J］. Inorganic Chemistry Communications，2018，92：1-4.

实验五 二氧化硅包覆四氧化三铁纳米材料的制备与表征

一、实验目的

❖通过制备四氧化三铁（Fe_3O_4）纳米材料，进一步巩固相关理论知识。

❖掌握使用共沉淀法合成 Fe_3O_4 纳米材料的基本技能。

❖通过对 Fe_3O_4 纳米材料进行表面修饰，掌握表面修饰的基本原理和表征方法。

二、实验原理

Fe_3O_4 纳米粒子是在 20 世纪 70 年代后逐渐产生、发展起来的一种新型磁性材料，Fe_3O_4 纳米粒子具有优异的磁性能和良好的生物相容性，在细胞分离、靶向给药、癌症热疗、磁共振成像等领域具有广阔的应用前景，是当今纳米生物医学领域的研究热点之一。未经修饰的 Fe_3O_4 纳米粒子表面缺少活性基团，亲水性差，易团聚，不能满足生物医学应用的要求。

SiO_2 粒子是一种公认的吸附剂和吸附剂的载体，它可以屏蔽磁性粒子之间的偶极相互作用，阻止粒子团聚，使其具有良好的生物相容性和亲水性。这种载体可以通过离心、过滤等方法实现重复使用。如果在磁性粒子表面修饰一层 SiO_2，制成 SiO_2 磁性粒子，就能够在外磁场下方便地从悬浮液中分离目标物，适用于细胞、核酸的分离以及免疫分析等生物医学领域。

目前，制备 SiO_2 包覆 Fe_3O_4 纳米粒子的方法主要有两种：一种是微乳液法，反应在由水相、油相和表面活性剂组成的尺寸均匀的微乳液滴中进行，得到的纳米粒子形态规则、粒径分布较窄，但是存在操作复杂、大量表面活性剂难以分离等缺点；另一种方法是 Stober 水解法，即将磁性纳米粒子加入硅酸酯的醇水体系中，利用碱（氨水或氢氧化钠）加速硅酸酯类的水解与缩合反应，在纳米粒子表面形成一层 SiO_2 包覆层。这种方法反应条件温和、操作简单，关键问题是控制被包覆的纳米粒子在醇水中形成稳定的分散体系，并且与硅酸酯类有良好的亲和性。

共沉淀法是指在溶液中含有两种或多种阳离子，它们以均相存在于溶液中，加入沉淀剂，经沉淀反应后，可得到各种成分的均一沉淀，它是制备含有两种或两种以上金属元素的复合氧化物超细粉体的重要方法。

将二价铁盐（Fe^{2+}）和三价铁盐（Fe^{3+}）按一定比例混合，加入沉淀剂 OH^-，搅拌，即得超微磁性 Fe_3O_4 粒子，反应式为：

$$Fe^{2+} + Fe^{3+} + OH^- \longrightarrow Fe(OH)_2/Fe(OH)_3 \text{（形成共沉淀）}$$

$$Fe(OH)_2 + Fe(OH)_3 \longrightarrow FeOOH + Fe_3O_4 (pH \leqslant 7.5)$$

$$FeOOH + Fe^{2+} \longrightarrow Fe_3O_4 + H^+ (pH \geqslant 9.2)$$

$$\text{总反应为：} Fe^{2+} + 2Fe^{3+} + 8OH^- \longrightarrow Fe_3O_4 + 4H_2O$$

实际制备中还有许多复杂的中间反应和副产物：

$$Fe_3O_4 + 0.25O_2 + 4.5H_2O \longrightarrow 3Fe(OH)_3$$

$$2Fe_3O_4 + 0.5O_2 \longrightarrow 3Fe_2O_3$$

因此，溶液的浓度、nFe^{2+}/Fe^{3+} 的比值、反应和熟化温度、溶液的 pH 值、洗涤方式等均对磁性微粒的粒径、形态、结构及性能有很大影响。通过与正硅酸乙酯的溶胶凝胶化反应，可在 Fe_3O_4 纳米粒子表面包覆一层 SiO_2，其机理如图 2-6 所示。

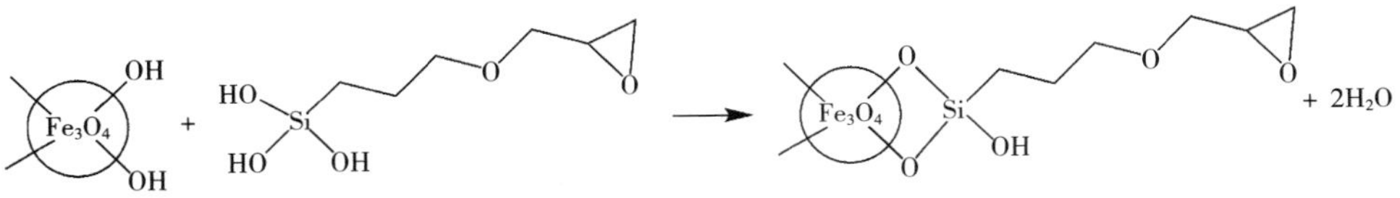

图 2-6 SiO_2 包覆 Fe_3O_4 纳米粒子的原理

三、仪器与试剂

（一）仪器

烧杯（100mL、250mL）、三颈烧瓶（250mL）、电子天平、搅拌器、聚四氟乙烯搅拌桨、水浴锅、玻璃棒、pH 试纸、磁铁、烘箱、X 射线粉末衍射仪、红外光谱仪。

（二）试剂

六水合氯化铁（$FeCl_3 \cdot 6H_2O$，分析纯）、四水合氯化亚铁（$FeCl_2 \cdot 4H_2O$，分析纯）、无水乙醇（分析纯）、氨水（分析纯）、正硅酸乙酯（TEOS，分析纯）。

四、实验内容

（一）磁性 Fe_3O_4 纳米粒子的制备

（1）称取 5.84g $FeCl_3 \cdot 6H_2O$ 和 2.15g $FeCl_2 \cdot 4H_2O$ 于 250mL 的烧杯中，随后加入 50mL 的蒸馏水均匀搅拌溶解后转移至三颈烧瓶中；再用 50mL 蒸馏水将烧杯中残留的反应物冲洗转移至三颈烧瓶中。

（2）将三颈烧瓶和聚四氟乙烯搅拌桨固定于铁架台上后，开启搅拌桨（转速不宜过快），并调节水浴锅温度为 70℃，边升温边搅拌。

（3）逐滴加入浓氨水，并不时用 pH 试纸检测溶液 pH 值，直到 pH 值为 9~10。

（4）继续反应 40min 后，检测 pH 值有无变化，随后将产物转移至 250mL 的烧杯中，加 50mL 的水进行分散。将磁铁置于烧杯底部，使产物在磁场作用下聚集于烧杯底部，倒掉上清液；重复上述操作 1 次后，改为加入 30mL 无水乙醇超声分散 2min（无水乙醇要没过产物，否则不易烘干），再次将磁铁置于烧杯底部，使产物在磁场作用下聚集于烧杯底部，倒掉上清液，得到纯净的产物。

（5）将产物放在烘箱中，于 100℃ 温度下烘干，称重。将相关数据记录在表 2-4 中。

（二）SiO_2 包覆磁性 Fe_3O_4 纳米粒子的制备

（1）称取 2g 上述制备的 Fe_3O_4 纳米颗粒超声分散在 32mL 蒸馏水中，另取 1.6mL 正硅酸乙酯，超声分散在 32mL 无水乙醇中。

（2）将上述两种溶液于 250mL 三颈烧瓶中混合，超声 10min，然后加入 3.2mL 氨水，继续超声 10min，然后在 60℃ 水浴下反应 1h。

（3）将产物转移至 250mL 的烧杯中，加一定量的水后并将磁铁置于烧杯底部，使产物在磁场作用下聚集于烧杯底部，倒掉上清液；重复上述操作 1 次后，改为加入 30mL 的乙醇超声分散 2min（乙醇要没过产物，否则不易烘干），再次将磁铁置于烧杯底部，使产物在磁场作用下聚集于烧杯底部，倒掉上清液，得到纯净的产物，称重。

（4）将产物放在烘箱中，于 100℃ 温度下烘干，再次称重。将相关数据记录在表 2-5 中。

（三）样品表征

（1）测试磁性 Fe_3O_4 纳米粒子被修饰前后的 XRD 衍射图谱（图 2-7），查资料标出所得 XRD 谱图中各峰对应的晶面，若制备失败，试分析原因。

（2）测试磁性 Fe_3O_4 纳米粒子被修饰前后的红外光谱并进行分析，将数据记录于表 2-6 中。

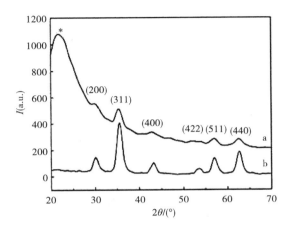

图 2-7　修饰前后的 XRD 衍射图谱

a—SiO_2 包覆磁性 Fe_3O_4 纳米粒子　b—Fe_3O_4 纳米粒子

五、数据记录与处理

数据处理见表 2-4～表 2-6。

表 2-4　磁性 Fe_3O_4 纳米颗粒的制备

$FeCl_3 \cdot 6H_2O$ 质量/g	$FeCl_2 \cdot 4H_2O$ 质量/g	氨水体积/mL	磁性 Fe_3O_4 质量/g

表 2-5　$Fe_3O_4@SiO_2$ 复合纳米颗粒的制备

Fe_3O_4 质量/g	TEOS 体积/mL	$Fe_3O_4@SiO_2$ 质量/g	干燥 $Fe_3O_4@SiO_2$ 质量/g

表 2-6　$Fe_3O_4@SiO_2$ 复合材料的特征红外吸收峰

名称	特征红外吸收峰
磁性 Fe_3O_4 纳米颗粒	
$Fe_3O_4@SiO_2$ 复合材料	

思考题

1. 溶胶—凝胶法制备 SiO_2 包覆 Fe_3O_4 纳米粒子的原理是什么?

2. $Fe_3O_4 \cdot SiO_2$ 复合颗粒的制备过程中为什么要超声分散?为什么 TEOS 要在乙醇中而不是在水中分散?

3. 磁性 Fe_3O_4 纳米粒子的制备过程中,加氨水的作用是什么?

参考文献

[1] 骆华锋. 二氧化硅包覆磁性纳米粒子的制备与表征 [J]. 青岛科技大学学报(自然科学版),2012,33(3):9-12.

[2] 蒋琳,高峰,贺蓉,等. 氧化硅包裹四氧化三铁微球的制备及表征 [J]. 材料科学与工程学报,2009,27(3):30-33.

实验六 非晶碳膜金属双极板的制备与表征

一、实验目的

❖了解质子交换膜燃料电池的工作原理和双极板的主要性能指标。

❖掌握使用直流磁控溅射制备非晶碳膜金属双极板的基本技能。

❖学习使用模拟电路对双极板接触电阻进行测量的基本原理。

❖学习使用三电极法对双极板耐腐蚀性进行测量的基本原理。

二、实验原理

质子交换膜燃料电池是以全氟磺酸型离子交换膜作为电解质、以铂/碳作为电催化剂、以氢气为燃料、以空气或氧气为氧化剂、工作温度为 60~80℃ 的一种高效、节能、安全可靠的新型环保电池。

双极板是质子交换膜燃料电池的关键组成部分，在燃料电池堆中具有分隔氧化剂与还原剂、排水并确保电池堆温度分布均匀、分隔电池堆中每个电池、收集并导出电流等作用。传统的石墨双极板具有优良的导电性和耐腐蚀性，但是成本较高且质脆。不锈钢具有优良的导电导热性，机械强度高，易于加工成型，是一种理想的双极板材料。但是不锈钢的表面天然氧化层使接触电阻很大，且在燃料电池工作环境下易腐蚀，使镍、铬、铁等组分溶出，污染电极从而影响燃料电池的性能和使用寿命。因此，用表面薄膜技术对不锈钢基体材料进行表面改性可以提高其服役性能，解决大规模应用问题。

非晶碳是一种同时兼具 sp、sp^2 和 sp^3 三种杂化形式的亚稳态的无定形碳材料，其中 sp 杂化的碳原子含量很少，几乎可以忽略，所以通常认为它就是由 sp^2 和 sp^3 两种杂化形式组成。由于不具有石墨或金刚石那样长程有序的晶体结构，所以将其称为无定形碳或非晶碳。根据 sp^2 和 sp^3 杂化碳原子比例的不同，其导电性可以在绝缘体和良导体之间变动。其中，sp^2 含量较高的非晶碳具有和石墨相媲美的导电能力，因此在不锈钢表面镀一层非晶碳膜作为双极板有望发挥金属和石墨各自的优势，满足燃料电池苛刻的工作环境。

磁控溅射的工作原理是指电子在电场的作用下，在飞向基片过程中与 Ar 原子发生碰撞，使其电离产生出 Ar 正离子和新的电子；新电子飞向基片，Ar 正离子在电场作用下加速飞向阴极靶，并以高能量轰击靶表面，使靶材发生溅射。在溅射粒子中，中性的靶原子或分子沉积在基片上形成薄膜，而产生的二次电子会受到电场和磁场作用，随着碰撞次数的增加，二次电子的能量消耗殆尽，逐渐远离靶表面，并在电场的作用下最终沉积在基片上（图2-8）。

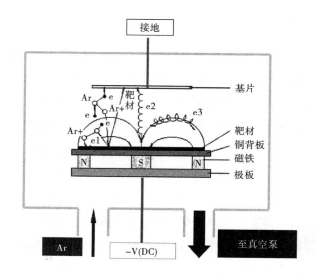

图 2-8　磁控溅射装置示意图

三、仪器与试剂

（一）仪器

直流磁控溅射设备、万能试验机、镀金铜板（30mm×30mm）、碳纸、恒流电源、精密万用表、不锈钢片（镜面抛光，30mm×30mm）、电化学工作站、铂电极、饱和甘汞电极、细砂纸、石墨靶（99.99%）

（二）试剂

丙酮（分析纯）、无水乙醇（分析纯）、0.5mol/L H_2SO_4+5mg/kg HF

四、实验内容

（一）双极板的制备

（1）将不锈钢基材分别置于丙酮、无水乙醇和蒸馏水中各超声清洗 15min，吹风机吹干后置于直流磁控溅射设备的真空腔体内。

（2）待真空度达到 0.004Pa 后通入一定量 Ar 气使腔体气压为 1Pa、同时在 -300V 偏压下 Ar 离子辉光放电刻蚀基体 30min。

（3）调节 Ar 流量，使腔体内分压至 0.3Pa，打开石墨靶电流至 3A，同时调节偏压至 -20V，沉积 1h 后，形成碳膜。

（二）接触电阻的测量

接触电阻的测量原理如图 2-9 和图 2-10 所示。

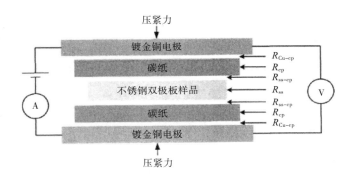

图 2-9 接触电阻测量装置示意图

整个回路的电阻为：

$$R_1 = 2R_{Cu} + 2R_{Cu-cp} + 2R_{cp} + R_{ss} + 2R_{ss-cp}$$

式中：R_{Cu}——铜板电阻；

$\quad\quad R_{cp}$——碳纸电阻；

$\quad\quad R_{ss}$——样品电阻；

R_{Cu-cp}——铜板与碳纸间接触电阻；

$\quad R_{ss-cp}$——样品与碳纸间接触电阻。

此时回路的电阻为：

$$R_2 = 2R_{Cu} + 2R_{Cu-cp} + R_{cp}$$

两式相减得：

$$R_{ss-cp} = 1/2(R_1 - R_2 - R_{cp-ss})$$

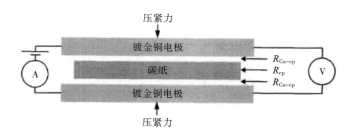

图 2-10　接触电阻测量装置示意图

而样品的本体电阻和碳纸的本体电阻均可直接测量，这样就可算出样品和碳纸间的接触电阻 R_{ss-cp}。

将相关数据记录在表 2-7 中。

（三）耐腐蚀性的测量

以铂电极作为辅助电极、饱和甘汞电极作为参比电极（SCE）、镀膜前后的不锈钢作为工作电极，用 AB 胶封样仅露出 $1cm^2$ 表面，在动电位测试扫描范围为 $-0.7 \sim 1.0V$，扫描速率为 $0.5mV/s$，介质采用 $0.5mol/L\ H_2SO_4 + 5mg/kg\ HF$ 混合溶液的条件下，采用三电极体系测量样品的塔菲尔曲线。

五、数据记录与处理

数据处理见表 2-7 和表 2-8。

表 2-7　不同正压力下的接触电阻

正压力/（N/cm^2）	30	60	90	120	150
镀膜前/（Ω·cm^2）					
镀膜后/（Ω·cm^2）					

表 2-8　电化学参量

样品名	开路电位/V	电流密度/（A/cm^2）
镀膜前		
镀膜后		

思考题

1. 质子交换膜燃料电池的工作原理是什么？

2. 直流磁控溅射的优缺点各是什么？

3. 如何评价双极板的使用性能？

参考文献

［1］ 张海峰，张栋，李晓伟，等 . 直流磁控溅射非晶碳膜的导电性和耐蚀性 ［J］.
材料研究学报，2015，29（10）：751-756.

［2］ 梁海龙 . 车载燃料电池不锈钢双极板电弧离子镀膜改性工艺规程研究 ［D］.
大连：大连理工大学，2013.

［3］ 胡仁涛，陆境莲，朱光明，等 . PEMFC 用非晶碳膜金属双极板的研究进展 ［J］.
电源技术，2019，43（4）：176-178.

实验七 无机耐高温涂料的制备

一、实验目的

❖ 了解无机耐高温涂料的性能和应用。
❖ 掌握无机硅酸盐耐高温材料的制备方法。

二、实验原理

为适应石油化工、冶金、化肥等工业的发展，研制耐高温涂料已成为一项重要课题。一般涂料在高温条件下会发生热降解和碳化作用，导致涂层破坏，不能起到保护作用，而耐高温涂料则具有相对的优势。耐高温涂料，又称耐热涂料，一般是指在200℃以上漆膜不龟裂、不起泡、不变色、不脱落，仍能保持适当的力学性能，使被保护对象在高温环境中能正常发挥作用的特种功能性涂料。同其他抗高温氧化腐蚀手段相比，耐高温涂料以其大面积施工工艺性能良好、成本低、效果显著等优点受到人们的青睐，已被广泛用于高温场合的表面保护，如钢铁厂的烟囱、高温蒸汽管道、高温炉、石油裂解装置及高温反应设备等的装饰及防护。

耐高温涂料种类很多，目前国内多使用有机硅耐高温涂料、酚醛树脂、改性环氧涂料、聚氨酯等高分子化学材料，其耐热温度一般都低于600℃，并且易燃烧，成本较高。相对而言，无机耐高温涂料则具有耐热温度高、耐热性好、硬度高、寿命长、污染小、成本低等特点，但是涂层一般较脆，在未完全固化之前耐水性不好，对底材的处理要求较高。

本实验所制备的硅酸盐耐高温无机涂料是使用无机物硅酸钠、二氧化硅、二氧化钛等耐酸耐碱性好的氧化物，按一定比例混合均匀，涂于需要的底材上，在一定温度下烘烤后，可形成致密、均匀、耐高温、抗氧化、耐老化、耐酸耐碱性能较好的涂层。它是以硅酸钠和二氧化钛为成膜物质，通过水分蒸发和分子间硅氧键的结合所形成的无机高分子聚合物来实现成膜，对光、热和放射性具有稳定性，同时二氧化钛具有很好的着色力、遮盖力以及化学稳定性，故该涂料具有优良的耐热和耐老化性能以及良好的附着力。

三、仪器及试剂

（一）仪器

马弗炉、胶头滴管、烧杯（100mL）、电子天平、铁片（5cm×5cm）、研钵、玻璃棒、钢尺、小刀、测试专用胶带。

（二）试剂

九水合硅酸钠（$Na_2SiO_3 \cdot 9H_2O$，分析纯）、二氧化硅（SiO_2，分析纯）、二氧化钛（TiO_2，分析纯）、盐酸（6mol/L）、NaOH 溶液（40%）。

四、实验内容

（一）材料制备

（1）用砂纸将底材（铁片）表面打磨光滑，必要时可用酸处理底材表面以除去污物和氧化膜。

（2）取 1g $Na_2SiO_3 \cdot 9H_2O$、0.6g SiO_2（事先研磨成粉末）、0.8g TiO_2 于 50mL 烧杯中（分别配制两份），混匀，分别加入 0.5mL 和 1mL 水，用玻璃棒搅拌，混匀，得白色糊状物。

（3）用刮涂法把白色糊状物均匀地涂于处理好的底材表面上，涂抹要平整，涂层要致密（若涂抹不平整，可在涂抹时蘸取少许水，这样涂抹可得到较平整的涂层）。

（4）待涂层晒干后，将其放置于马弗炉中，80℃下烘烤 20min，取出后至少在室温下放置 5min。

（5）将马弗炉温度升温至 300℃，再把上一步制好的涂层放入其中，并在 300℃下烘烤 20min，取出，即可得到白色的耐高温涂料（注：涂层在 300～1000℃之间的任何温度下烘烤，对涂层性能影响不大，若让涂层自然晾干或烘烤的最高温度低于 300℃时，所得的涂层固化效果不好，附着力差，易脱落，耐水、耐酸、耐碱性能差）。

（二）材料性能测试

1. 附着力测试（划格法）

用专用划格器或美工刀在涂层表面划 10 个方格，方格的长宽应为 1mm 左右，应切穿涂层的整个深度，用手指轻轻触摸涂层不应从方格中脱落，并与底材牢固结合者为合格，涂层的附着力与其涂抹的均匀致密程度有关，若涂抹不均匀，致密性不好，则附着力相对较差。以适当力度敲击底面；如方格无脱落则判定附着力为10/10，1 个脱落判定为 9/10，依此类推。

2. 耐酸性和耐碱性

在做好的涂层上用滴管分别滴加 6mol/L 盐酸溶液，40%氢氧化钠溶液各 2 滴于不同地方，分别在 5min 后擦除，观察涂层有无失光、起泡、脱落、变黄等现象。

耐酸耐碱性能与涂层的厚度有关，涂层太薄则耐酸耐碱性差，可在同一个地方重复涂抹，以增大其耐酸、耐碱性能。但需要注意的是涂层不能过厚，否则附着力会差。一般涂层的厚度为 0.01~0.04mm。

3. 配料比对涂层性能的影响

改变 $Na_2SiO_3 \cdot 9H_2O$、SiO_2、TiO_2 用量比对涂层的附着力、固化效果、耐热性能均会产生一定的影响。如增加了 $Na_2SiO_3 \cdot 9H_2O$、SiO_2 的用量，则固化效果差、不耐水。增加 TiO_2 用量则对固化效果影响不大，但附着力差。而减少 $Na_2SiO_3 \cdot 9H_2O$、SiO_2 用量时，其附着力相对较差。减少 TiO_2 用量时，涂层不耐水，附着力差。

4. 底材的影响

要求底材相对耐高温，且要相对耐酸耐碱，同时在涂抹前要将底材的表面处理干净，否则会影响附着力。

五、数据记录与处理

数据记录列于表 2-9。

表 2-9　涂层性能记录表

TiO_2 的质量：_____g；$Na_2SiO_3 \cdot 9H_2O$ 的质量：_____g；SiO_2 的质量：_____g

测试性能	测试结果	
	0.5mL	1.0mL
附着力		
耐酸性（5min）		
耐碱性（5min）		

思考题

1. 无机耐高温涂料耐酸碱的原理是什么?
2. 温度、配料比等实验条件如何影响涂料的性能?

参考文献

[1] 曲荣君. 材料化学实验 [M]. 北京:化学工业出版社,2015.

[2] 徐忠苹,韩文礼,张彦军,等. 耐高温涂料研究进展 [J]. 全面腐蚀控制,2011,25(7):8-12.

[3] 王李军,张荣伟,陆梦南,等. 耐高温绝缘涂层的研制 [J]. 涂料工业,2005,34(10):30-32.

实验八 水热法制备 ZnS 纳米粒子

一、实验目的

❖ 了解 ZnS 纳米粒子的结构与性质。
❖ 掌握水热合成纳米粒子的方法。

二、实验原理

纳米材料因其独特的性质而具有广阔的应用前景，虽然目前纳米材料的制备技术多种多样，但大多数都需要昂贵的设备以及复杂的工艺，这些都阻碍了其进一步应用，水热合成技术是制备纳米材料与结构非常有效的方法。

硫族化合物半导体因其具有重要的非线性光学性质、发光性质、量子尺寸效应及其他重要的物理化学性质等，受到物理、化学和材料学家的高度重视。硫化锌是 ⅡB-ⅥA 族半导体，因为具有红外透明、荧光、磷光等特性，一直是被广泛研究的材料。ZnS 在这些物理和化学属性方面的特殊应用强烈依赖于其尺寸和形状，因此，制备出具有量子限域效应、窄粒度分布、合适形状的纳米粒子具有重大意义。

本实验采用水热法以尿素为矿化剂在低温和较简单的工艺条件下制备 ZnS 纳米粒子。

三、仪器与试剂

（一）仪器

烧杯（50mL）、分析天平、水热反应釜（100mL）、控温烘箱、磁力搅拌器。

（二）试剂

尿素 [$CO(NH_2)_2$，分析纯]、乙酸锌 [$Zn(CH_3COO)_2 \cdot 2H_2O$，分析纯]、硫化钠（$Na_2S \cdot 9H_2O$，分析纯）、氨水（分析纯）。

四、实验内容

（一）样品的制备

将 6mmol（1.32g）Zn（CH₃COO）₂·2H₂O 溶于 50mL 蒸馏水中，在搅拌下向溶液中逐滴滴入氨水（1mL/min），直至溶液的 pH 值为 9～10 时为止。再加入 9mmol（2.16g）Na₂S·9H₂O 和 21mmol（1.26g）尿素。将上述溶液移入带聚四氟乙烯内衬的水热反应釜中（填充比为 60%），将密封的反应釜放入烘箱中，在 150℃下保温 24h，自然冷却至室温，用蒸馏水对产物进行多次洗涤，然后在 80℃下干燥 4h。

（二）样品的表征

分别使用 X 射线粉末衍射仪、扫描电子显微镜等大型仪器对 ZnS 纳米粒子的物相和形貌特征进行表征分析。使用荧光分光光度计测试样品的荧光性能。

五、数据记录与处理

（1）所得到的 ZnS 质量为：_____，产率为：_____。

（2）XRD 表征结果中，特征衍射峰对应的 2θ 衍射角为：_____，ZnS 的 JCPDS 数据库中，特征衍射峰对应的 2θ 衍射角为：_____。

（3）荧光光谱中，激发光谱的最大波长为：_____，发射光谱的最大波长为：_____。

思考题

尿素的作用是什么？

参考文献

［1］徐如人. 无机合成制备化学［M］. 北京：高等教育出版社，2001.

［2］贺颖，朱刚强，边小兵. 水热法制备 ZnS 纳米粒子［J］. 陕西师范大学学报（自然科学版），2007，35（2）：80.

实验九 3D 打印制备 $LiNi_{0.5}Co_{0.2}Mn_{0.3}O_2$ 锂离子电池正极

一、实验目的

❖掌握 3D 打印技术的基本原理。

❖熟悉锂离子电池正极的电化学性能测试方法。

❖探究增稠剂和墨水黏度对 3D 打印正极材料性能的影响。

二、实验原理

1980 年，Mizushima 等研究出层状结构钴酸锂作为正极材料并在商业上大规模使用，在这之后，科研人员相继研究出层状结构镍酸锂和锰酸锂等。随着社会的进步，对锂离子电池的要求也越来越高。钴酸锂正极材料具有制备简单、能量高、循环稳定等优点，但是钴的成本高且具有毒性，可能对环境造成污染。锰酸锂作为正极材料虽然价格便宜，但由于 Jahn-Teller 效应其结构具有不稳定性，高温性能和循环性能不佳。镍酸锂从理论容量、经济和环境的角度上看，是一种很有潜力的正极材料，但是相比钴酸锂和锰酸锂，其制备难度大，在制备过程中会导致阳离子混排，而且过量的镍会占据锂离子的位置，破坏锂离子的层状结构，阻止锂离子的扩散移动，从而导致较小的电容量和较差的循环性能。

三元层状 $LiNi_{1-x-y}Co_xMn_yO_2$ 正极材料综合了镍酸锂、钴酸锂和锰酸锂这三种材料的优点，充放电过程结构稳定，Mn^{4+} 不会参加反应，从而没有 Jahn-Teller 效应，安全性能高、工作温度范围宽、比能量高、成本较钴酸锂低。锂离子三元层状 $LiNi_{1-x-y}Co_xMn_yO_2$（NCM）电池具有工作电压高、高能量和循环性能好等优点，对环境没有污染，因此三元材料的发展也成为国内外研究的重点，是很有前景的商业正极材料。

同时，随着国内外电子设备的快速发展，各国学者都已展开大量相关电池微型化的研究，以期研究出一种携带方便、安全的电子能源。3D 打印即快速成型技术的一种，又称增材制造，它是一种以数字模型文件为基础，运用粉末状金属或塑料等可黏合材料，通过逐层打印的方式来构造物体的技术。3D 打印技术作为近年来兴起的一项新型快速成型技术，是对快速制造法的延续和发展，与传统制造技术相比，其操作流程便捷，制造成本低廉，它的出现为电池微型化的实现提供了必要条件。通过 3D 打印技术制备的电极能够充分利用有限的体积有效提高电池的能量密度等，具有广阔的发展前景。因此，制备性能稳定且适合 3D 打印技术的电极墨水对实现 3D 打印微电池、柔性电池等储能器件精细快速和规模化制造具有重要意义。

本实验使用三元镍钴锰酸锂材料（$LiNi_{0.5}Co_{0.2}Mn_{0.3}O_2$）作为电极墨水，通过 3D 打印制备锂电池正极，并对其进行电化学性能测试。

三、仪器与试剂

（一）仪器

电子天平、3D 打印机、数字黏度计、高速振动球磨机、电池测试仪。

（二）试剂

三元镍钴锰酸锂材料（$LiNi_{0.5}Co_{0.2}Mn_{0.3}O_2$，市售）、无水乙醇（分析纯）、乙二醇（分析纯）、聚乙烯吡咯烷酮（分析纯）、聚丙烯酸钠（分析纯）。

四、实验内容

（一）材料的预处理

3D 打印锂离子电池正极墨水是选用三元镍钴锰酸锂材料（$LiNi_{0.5}Co_{0.2}Mn_{0.3}O_2$）作为正极活性物质（以下简称 LNCM523），在高速振动球磨机中以无水乙醇为溶剂在 1000r/min 的转速下湿磨 2h，以减少粉末团聚达到细化粉末颗粒的目的。

（二）制备打印墨水

将球磨后的 LNCM523 粉末经离心处理后在 200℃下干燥 4h。再选用蒸馏水、乙二醇和其他添加剂（增稠剂）制备水基载体，并将 LNCM523 粉末加入其中，同时选取聚乙烯吡咯烷酮作为分散剂，聚丙烯酸钠作为增稠剂。将混合物搅拌均匀，得到所需的打印墨水。

（三）进行 3D 打印

将打印墨水装入 3D 打印机的挤压筒中，通过 3D 打印机编码器完成打印路径图案及相关打印工艺参数的设置，检查气压系统连接是否正常，打印运行后，挤压筒中墨水，在预先设计好的正极集流体上挤压成型，打印结束后，在干燥箱中温度为 200℃ 干燥 2h，最终得到所需正极电极。

工艺流程如图 2-11 所示。

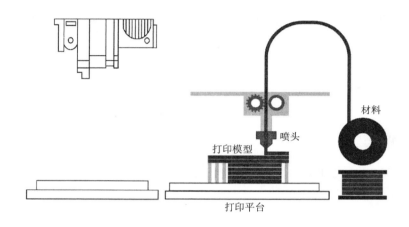

材料

喷头

打印模型

打印平台

图 2-11　三元镍钴锰酸锂正极制备流程图

（四）电化学性能测试

通过电池测试仪对 LNCM523 打印电极进行恒流充放电测试及倍率性测试，充放电电压范围为 1～3V，测试温度为 25℃，循环次数为 40 次。实验数据记录于表 2-10 中。

表 2-10　实验数据记录表

增稠剂含量/%	1	3	5	7
墨水黏度/Pa·s				
充电容量/（mA·h/g）				
放电容量/（mA·h/g）				

思考题

1. 锂离子三元层状 $LiNi_{1-x-y}Co_xMn_yO_2$ 电极的优势是什么？

2. 3D 打印的原理是什么？

3. 增稠剂对锂离子电池正极材料的性能有何影响？试分析其原因。

参考文献

［1］谢元，李俊华，王佳，等．锂离子电池三元正极材料的研究进展［J］．无机盐工业，2018，50（7）：18-22.

［2］黄荣根．对 3D 打印技术的思考［J］．科技创新与应用，2014（20）：40-41.

［3］Tumbleston J R，Shirvanyants D，Ermoshkin N，et al. Continuous liquid interface production of 3D objects［J］．Science，2015，347（6228）：1349-1352.

［4］左文婧，屈银虎，祁攀虎，等．3D 打印锂离子电池正极的制备及性能［J］．北京科技大学学报，2020，42（3）：358-364.

第三章

高分子材料实验

实验一 无机纳米粒子填充的聚合物高吸水材料的制备

一、实验目的

❖ 了解聚合物高吸水材料的制备原理和方法。

❖ 了解无机纳米粒子在聚合物高吸水材料中的作用。

❖ 了解聚合物结构对材料吸水性能的影响。

二、实验原理

吸水材料，特别是高吸水材料是一类很有用的功能复合材料，在植物种子包衣、土壤保湿、医药卫生、环境保护、建筑材料、油田调剖堵水等方面具有独特作用。通过复合化、功能化改善材料的性能，不仅可以降低材料成本，更重要的是有利于提高功效，开发新型材料。本实验主要以通过矿物材料制备的无机纳米粒子作为填充剂制备具有良好性价比的高吸水材料。

（一）反应机理

丙烯酰胺分子中有共轭结构，由于羰基吸电子能力强，使 C=C 键上的电子云密度降低，因此很容易在 C=C 键上进行自由基型和离子型的连锁加聚反应。在交联剂 N,N-亚甲基双丙烯酰胺存在时，聚合与交联反应同时进行，生成网状结构的高黏聚合物，反应如图 3-1 所示。

当此反应在高分散的黏土悬浮液中反应时，聚合物就会把属于纳米级的黏土粒子包覆在网状结构的空隙中，形成一种具有较好强度和吸水性能的无机—有机复合材料。

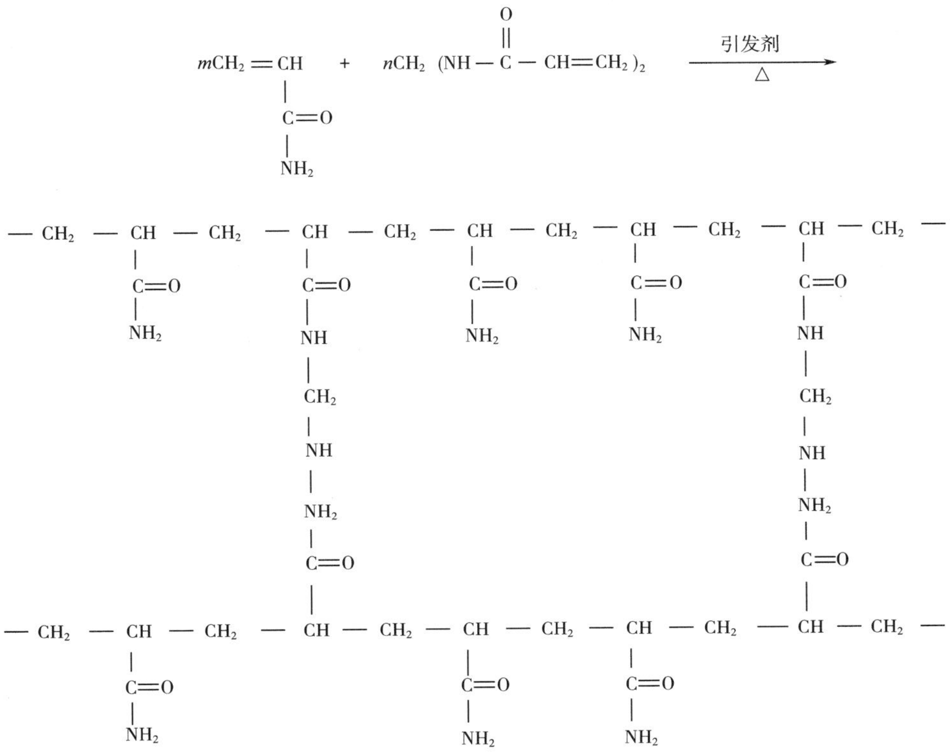

$$mCH_2=CH \quad + \quad nCH_2(NH-\overset{\overset{O}{\|}}{C}-CH=CH_2)_2 \xrightarrow[\triangle]{\text{引发剂}}$$

（结构中有一个 $CH_2=CH$ 下连 $C=O$ 再连 NH_2）

图 3-1　网状结构的高黏聚合物

（二）吸水原理

吸水材料是一种新型的功能高分子聚合物，通过水合作用迅速地吸收自重十几倍乃至上千倍的液态水而呈凝胶状，且保水性好，所吸收的水即使在较高压力下也不会溢出。与传统的吸水材料（如纸、棉、海绵等）相比，高吸水性树脂具有吸水容量大、吸水速度快、保水能力强等优越性能。其吸水机理如下：当高分子遇见水时，先是表面亲水基团—NH_2 和水分子进行水合作用，形成氢键，这部分水是结合水；高分子网束随之扩展，钠基膨润土中的亲水性的离子——Na^+ 水解成可移动的离子，这样在高分子网络内部和外部水间产生了离子浓度差，从而产生了内外渗透压，在渗透压的作用下，水分子向高分子网络中渗透，渗透进入网络的是自由水；同时自由水又与内部亲水基团—NH_2 和 —$C=O$ 形成氢键，进一步导致离子基团水解和渗透压差的产生，所以水源源不断进入高吸水性树脂网络。因此吸水过程包含氢键形成、水解、渗透压差引起的扩散。溶胀过程在两种情况下达到平衡：一是高分子网络全部伸展开，吸水率达到最大；二是当高分子网络内外的渗透压相等时，树脂也停止溶胀达到吸水平衡。

三、仪器与试剂

（一）仪器

高速搅拌机、电子天平、恒温水浴锅、烧杯（100mL）、烧杯（250mL）、吸管、量筒（100mL）、尺子、小刀。

（二）试剂

丙烯酰胺（AM，分析纯）、N,N'-亚甲基双丙烯酰胺（MBA，分析纯）、亚硫酸氢钠（$NaHSO_3$，分析纯）、过硫酸钾（$K_2S_2O_8$，分析纯）、无水碳酸钠（Na_2CO_3，分析纯）、天然钠基膨润土（市售）。

四、制备方法

（1）用电子天平准确称量不同质量（表3-1）的天然钠基膨润土，分别置于4个250mL烧杯中，分别称取质量为天然钠基膨润土10%的无水碳酸钠，量取150mL蒸馏水于烧杯中，搅拌至没有大的团聚颗粒。

表3-1　实验药品加量表

样品	天然钠基 膨润土/mg	丙烯酰胺 （AM）/g	交联剂 （MBA）/g	$m_{NaHSO_3}/m_{K_2S_2O_8}$ （引发剂）/g
1	41.67	20	0.008	0.06/0.12
2	71.67	20	0.01	0.04/0.08
3	110.83	20	0.006	0.02/0.04
4	166.67	20	0.006	0.04/0.10

（2）用搅拌机将上述悬浮液分散3~5min。

（3）分别称取20g的单体AM，并溶于上述黏土悬浮液中，再用搅拌机分散1~2min。

（4）称取不同质量的交联剂MBA（表3-1）于4只100mL烧杯中，用少量水溶解，并加入对应的黏土悬浮液中。

（5）称取不同质量的引发剂 $K_2S_2O_8$ 和 $NaHSO_3$ 于 4 只 100mL 烧杯中，用少量水溶解，待用。

（6）将黏土悬浮液放入 45℃ 恒温水浴锅中，用玻璃棒搅拌使之受热均匀。

（7）缓慢加入引发剂，边加边搅拌，加完后继续搅拌 1~2min，静置。

（8）待成胶后，取出，用清水洗去未反应完全的单体 AM 和未包覆的黏土颗粒。

（9）用小刀将聚合物胶块切割成 0.5~1.0cm 见方的小块，放入 100℃ 的真空干燥箱中，干燥 8~10h。

（10）将干燥后的样品粉碎、筛分，留待性能评价。

五、性能评价

（一）外观

目测干燥前后成品的颜色和形状。

（二）吸水倍数的测定

称取样品 5.00g，放入已装入 200mL 蒸馏水的 250mL 烧杯中，浸泡 24h 后，从烧杯中取出样品。将样品放在滤纸上吸去表面的水分，然后称其质量 m。吸水倍率 N 按下式计算：

$$N = (m - 5.00)/5.00$$

（三）强度和韧性的观测

将干燥前的聚合物胶块用力拉伸，观察其弹塑性变化。
将测定完吸水倍数的凝胶碎块用力碾压，观察其弹塑性变化。

六、数据记录与处理

实验数据列于表 3-2。

表 3-2　实验数据记录表

样品	外观	吸水倍数的测定	强度和韧性的观测
1			
2			
3			
4			

思考题

1. 吸水聚合物中为什么要加入无机纳米粒子？

2. 查阅相关文献，思考不同类别的无机填充粒子在吸水聚合物中所起的作用有何不同？

参考文献

[1] 陶建菊. 一种高吸水性树脂的制备 [J]. 青岛科技大学学报（自然科学版），2015，36（S2）：101-103.

[2] 牛育华，赵轩，张昌辉，等. KHA/CEL/AA-膨润土增强型保水剂的制备与性能研究 [J]. 现代化工，2021，41（10）：123-128.

实验二 分散聚合制备聚苯乙烯微球

一、实验目的

❖ 通过制备聚苯乙烯（PS）微球，进一步巩固聚合反应理论知识。

❖ 掌握使用分散聚合方法制备 PS 微球的基本技能。

❖ 了解分散聚合法制备 PS 微球粒径分布的影响因素。

二、实验原理

高分子微小颗粒具有多方面的应用价值，比如涂料、墨水、调色剂、标准计量、色谱、生物医学治疗、生物医学分析和微电子学等。

聚苯乙烯（PS）微球具有比表面积大、吸附作用强、热处理时收缩等优点，因此广泛应用于新型功能材料的制备中。PS 微球的制备可采用乳液聚合法或悬浮聚合法，乳液聚合法制备的微球虽然单分散性较好，但微球粒径很难达到微米级；悬浮聚合法可合成粒径较大的微球，但单分散性较差，难以满足作为模板材料的要求。

分散聚合通常是指将单体溶于分散介质中，借助其立构稳定作用使制备的微球能稳定存在于乳液中的一种聚合方法。在反应开始前，单体、分散剂和引发剂溶解在分散介质中，形成均相体系；当温度升至反应温度后，引发剂分解成自由基，并引发聚合，生成溶于介质的低聚物；当达到临界链长时，低聚物从介质中沉析出来，并吸附分散剂或共分散剂到其表面，形成稳定的核；生成的核从连续相中吸收单体和自由基，形成被单体溶胀的颗粒，并在其内部进行聚合反应，直到单体耗尽。

相比于其他制备高分子微小颗粒常见的方法，分散聚合容易实施且效率高。分散聚合是制备 PS 微球的重要方法，由此得到的微球具有很好的单一分散性，这是分散聚合的一大特点，分散聚合所制备的 PS 微球粒径分布在几百纳米到几微米之间。

本实验以乙醇/水混合溶液为反应介质，以聚乙烯吡咯烷酮（PVP）为分散剂，偶氮二异丁腈（AIBN）为引发剂，采用分散聚合法制备分子量分布较窄的 PS 微球。分散聚合制备 PS 微球的化学反应方程式如下：

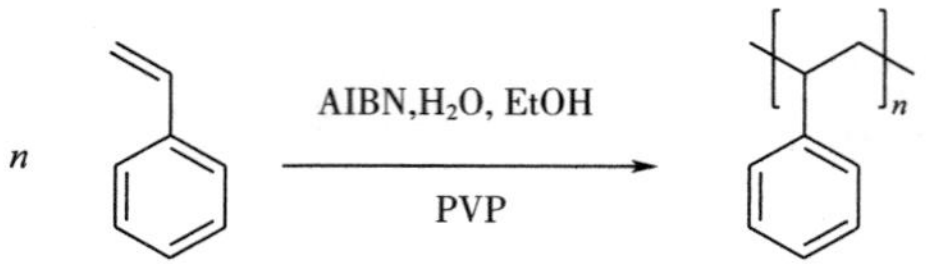

PVP 的结构式如下所示。

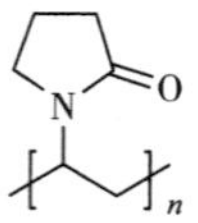

由图 3-2 可知，PVP 具有非极性的主链和极性的侧基，在极性溶剂中能够起到稳定聚苯乙烯核的作用；AIBN 引发剂产生自由基，自由基进一步引发聚合反应。AIBN 产生自由基的反应如下所示。

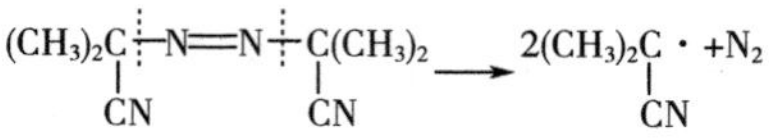

三、仪器与试剂

（一）仪器

电子天平、三颈烧瓶（250mL）、温度计、球形冷凝管、恒温水浴锅、搅拌器、搅拌桨（聚四氟乙烯）、超声波清洗器、离心机、真空干燥箱、扫描电子显微镜。

（二）试剂

苯乙烯（分析纯）、聚乙烯吡咯烷酮（PVP，分析纯）、偶氮二异丁腈（AIBN，分析纯）、无水乙醇（分析纯）、蒸馏水。

四、实验内容

（1）称量 0.36g PVP 于 250mL 三颈烧瓶中，加入 42.5mL 无水乙醇和 7.5mL 蒸馏水。搅拌至溶液澄清后，加入溶有 0.12g AIBN 的苯乙烯单体（13mL）溶液，再搅拌使之形成均相体系。

（2）将反应瓶置于 70℃ 恒温水浴中，开始搅拌，继续反应 2.5h，实验装置如图 3-2 所示。

（3）将生成的聚合物乳液转移至离心管中，超声震荡 5min，然后离心沉降，倒掉上层清液，下层微球用无水乙醇再分散、超声、离心沉降，倒掉上层清液，如此重复两次。将洗涤后的微球倒入表面皿中，置于 30℃ 真空干燥箱中干燥后计算产量。

（4）用扫描电子显微镜观察所得微球形貌并计算平均粒径，结果参考图 3-3。

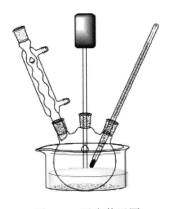

图 3-2 反应装置图

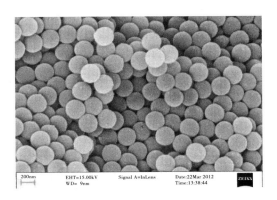

图 3-3 聚苯乙烯微球的典型形貌

思考题

1. 分散聚合与沉淀聚合有哪些不同？
2. 分散聚合所得粒子大小主要取决于何种因素？

参考文献

［1］茹宗玲，杜慧. 苯乙烯分散聚合反应制备均一粒径 PS 微球［J］. 安阳师范学院学报，2002（5）：18-20.
［2］周珑，戴金辉，展飞. 分散聚合制备聚苯乙烯微球及影响因素研究［J］. 材料科学，2013，3（1）：40-44.

实验三 卡波姆美白凝胶剂的制备

一、实验目的

❖ 理解凝胶剂的制备原理及美白凝胶剂的美白原理。
❖ 掌握凝胶剂的制备方法及其相关表征方法。

二、实验原理

卡波姆又名聚羧乙烯（carboxy-polymethleme，CP），是一种由丙烯酸与烯丙基蔗糖交联而成的高分子聚合物（其结构如图3-4所示），溶于水形成黏稠状的弱酸性透明胶体，在pH值为6~11之间时黏稠度高。卡波姆常应用于口腔、皮肤、眼用、超声波等方面的制剂制备。卡波姆材料含有大量的羧基，在水溶液中易发生解离，所带负电荷增加，斥力随之增大，导致黏稠性增大，pH = 8时，羧基解离基本完全，黏稠性达到最大。三乙醇胺显碱性，用于调节pH值使凝胶达到最优状态。为提高凝胶的稳定性需要加入一定量的EDTA-2Na作为稳定剂。

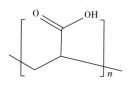

图3-4 卡波姆结构

（一）卡波姆的溶胀

卡波姆聚合物的交联度密度适中，与水接触时，水分子扩散进入聚合物颗粒的内部，卡波姆分子逐渐溶胀，均匀地分散在水中。此过程需要较长时间，最终形成黏稠度较高的胶状体。

（二）美白凝胶剂的成分

美白凝胶剂的有效成分为过氧化氢，其溶液呈酸性，在添加过程中混合物的pH值下降，凝胶的黏稠度随之下降，滴加适量的三乙醇胺及磷酸缓冲溶液（PBS）调节pH值至适宜的范围，从而提高凝胶剂的黏稠度。

（三）稳定性表征

过氧化氢常温下会缓慢分解，高温及光照条件下加速其分解。过氧化氢的量减少将影响凝胶的 pH 值，分解后产生的水会稀释凝胶。卡波姆凝胶表面有水化膜的存在因而具有较强的稳定性，其羧基解离程度越大，凝胶中自由水的含量就越低，不易长菌，耐贮性强；相反，当凝胶解离程度降低时，自由水含量上升。显然，无论是过氧化氢分解，还是卡波姆羧基解离度下降都会增加凝胶中自由水的含量，从而影响美白凝胶剂的美白效果。

（四）美白性能表征

影响牙齿健康及美观的因素有牙垢和牙石，牙齿上由于食物屑碎残留、细菌及凋亡细胞等物质堆积形成牙垢，矿物质与牙垢共同沉积形成黄白色牙石。卡波姆具有一定黏稠度，使过氧化氢与牙垢、牙石充分接触，经过缓释，将牙垢、牙石氧化分解，脱离牙齿，从而达到美白效果。同理，过氧化氢能够氧化分解瓷片上污渍，从而达到清洁瓷片的目的。

三、仪器与试剂

（一）仪器

电子天平、烧杯（250mL，25mL）、量筒（10mL）、机械搅拌器。

（二）试剂

卡波姆（Carbopol U20，增稠剂）、蒸馏水、PBS 缓冲液（pH 值为 5.7）、过氧化氢（分析纯，30%）、EDTA-2Na（分析纯，螯合剂/稳定剂）、硝酸钾（分析纯，保护剂）、三乙醇胺（分析纯，中和剂）、猪牙齿（肉类市场购买）、带有不同污渍的粗糙瓷片。

四、实验内容

（一）卡波姆美白凝胶剂的制备

（1）称取 0.80g 卡波姆于 250mL 烧杯中，加入 20mL 蒸馏水，浸泡 24h。随后机械搅拌 20min（转速 330~380r/min）。

（2）称取 0.20g 硝酸钾和 0.05g EDTA-2Na 于盛有 5mL PBS 缓冲液的烧杯中，用玻璃棒搅拌均匀，并加入上述卡波姆溶液中，继续机械搅拌 20min。

（3）量取 5mL 过氧化氢溶液与 5mL PBS 缓冲液混合后逐滴加入上述混合物中

（10min），加入 0.2mL 三乙醇胺，继续搅拌 10min。

（4）量取 10mL PBS 缓冲液和 10mL 过氧化氢溶液，混合搅拌均匀，逐滴加入上述混合物中，滴加时间持续 20min 左右，加入 0.5mL 三乙醇胺，继续搅拌 10min。

（5）量取 5mL PBS 缓冲液与 5mL 过氧化氢溶液，混合后逐滴加入混合液中（约 10min），加入 0.3mL 三乙醇胺，添加完毕后继续搅拌 10min，取出搅拌桨，密封避光保存。

（二）性能表征

1. 稳定性能表征

将装在烧杯中的样品倒立在实验桌上（图 3-5），室温放置一定时间，观察记录凝胶样品从烧杯壁滑落的距离。判断凝胶的稳定性。

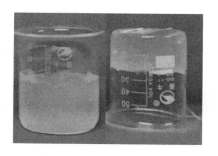

图 3-5　正立和倒立的凝胶样品

2. 美白性能表征

把一颗猪牙齿置于凝胶剂中，每隔 10min、20min、30min、40min、50min、60min 取出，用蒸馏水进行简单冲洗去除表面的凝胶，拍照记录除垢情况。

为检测本凝胶对烟渍、茶渍和咖啡渍等污渍的去除效果，取浸泡在烟、茶、咖啡溶液中约一个月的粗糙瓷片进行 10min 美白测试。拍照记录试验前后的除垢情况。

五、数据记录与处理

实验结果记录于表 3-3 中。

表 3-3　稳定性能表征记录表

时间/min	0	10	20	30	40	50	60
样品滑落距离/mm							

思考题

1. 卡波姆为什么要浸泡 24h 后使用？
2. PBS 溶液和三乙醇胺在实验过程中分别起什么作用，原理是什么？
3. 为什么 PBS 溶液和三乙醇胺在实验过程中要分多次加入？
4. 美白凝胶剂在保存过程中应注意什么问题？

参考文献

[1] 赵大伟，乔秀丽，马松艳. 原位凝胶基质的应用现状和研究进展［J］. 黑龙江畜牧兽医，2016（11）：72-75.
[2] 刘立星，易国斌，陈旭东，等. 卡波姆在水中的溶胀性研究［J］. 合成材料老化与应用，2013，42（4）：18-20.
[3] 陈双璐. 卡波姆在凝胶剂中的应用现状［J］. 天津药学，2007（4）：68-71.
[4] 王彦，王子娟. 卡波姆在药剂学中的应用［J］. 中国药事，2005（6）：361-365.
[5] 李成蓉，黄筱萍. 卡波姆的性质和应用［J］. 华西药学杂志，1999（2）：50.
[6] 张丽红，刘芯怡，张文云，等.《材料化学实验》案例之卡波姆凝胶剂的制备［J］. 广州化工，2019，47：134-136.

实验四 乙酸乙烯酯的溶液聚合

一、实验目的

❖熟悉乙酸乙烯酯溶液聚合的方法。
❖掌握溶液聚合的原理和方法。

二、实验原理

溶液聚合是单体溶于适当溶剂中进行的聚合反应，可以分为均相溶液聚合和沉淀溶液聚合。如果形成的聚合物能够溶于溶剂，那么属于均相聚合范畴，例如涂料和胶黏剂。如果聚合物与溶剂不互溶，称为沉淀聚合或者淤浆聚合，这类聚合物在成品之前必须经过沉淀、过滤、洗涤、干燥等步骤。

乙酸乙烯酯单体是制备维纶的原料，微溶于水，溶于醇、丙酮、苯、氯仿。乙酸乙烯酯极易受热、光或微量的过氧化物作用而聚合，即使是含有抑制剂的样品与过氧化物接触也能猛烈聚合。聚乙酸乙烯酯的玻璃化温度较低，多呈无色黏稠或淡黄色透明玻璃状，在室温下具有较大的冷流性，不能用作塑料制品。但是，它能够黏结很多材料，尤其是纤维素物质。聚乙酸乙烯酯是无定形聚合物，无臭，无味，溶于苯、丙酮和三氯甲烷等溶剂。

固含量是乳液或涂料在规定条件下烘干后剩余部分占总量的质量百分数，即不挥发成分含量。本实验将通过测定固含量来检测反应聚合的程度。

三、仪器与试剂

（一）仪器

三颈烧瓶（250mL）、球形冷凝管、机械搅拌器、量筒（10mL、20mL、100mL）、抽滤瓶、布氏漏斗、温度计、恒温水浴锅、真空干燥箱。

（二）试剂

乙酸乙烯酯（分析纯）、偶氮二异丁腈（AIBN，分析纯）、无水甲醇（分析纯）。

四、实验内容

在装有搅拌器、冷凝管、温度计的 250mL 三颈烧瓶中分别加入乙酸乙烯酯（50mL）和溶有 AIBN（0.21g）的甲醇溶液（10mL），开始搅拌并升温至 62℃，反应持续 3h 后，继续升温至 65℃ 并持续 0.5h 后，冷却结束聚合反应。称取 2~3g 产物在真空干燥箱中烘干，计算固含量与单体转化率。

五、注意事项

（1）反应后期，聚合物极其黏稠，难以搅拌，可以加入少量甲醇。

（2）乙酸乙烯酯的毒性低，大鼠经口 LD50 为 2920mg/kg。本品对眼睛、皮肤、黏膜和上呼吸道有刺激性。长时间接触有麻醉作用。

思考题

1. 溶液聚合反应的溶剂应如何选择？本实验采用甲醇作为溶剂是基于何种考虑？

2. 降低反应温度或反应浓度，可减少支化的发生，但聚合速度减慢，如何设计工艺条件，既可保证产品质量，又能取得较快的聚合速率？

参考文献

［1］黄明德，徐兰，胡盛华．乙酸乙烯酯的微波加热聚合［J］．化学工程师，2005（9）：9-11.

［2］加朝，张霄，王逸峰，等．构建小粒径聚乙酸乙烯酯复合乳液及其调控机制［J］．化工进展，2017，36（6）：2242-2248.

实验五 聚合物微纳米粒子的制备与表征

一、实验目的

❖ 掌握聚合物多孔微球的形成机理和影响其形貌的因素。

❖ 学习使用扫描电子显微镜对微球形貌进行表征。

❖ 了解聚合物多孔微球的修饰方法和主要应用领域。

二、实验原理

聚合物微纳米粒子尤其是纳米粒子和多孔结构粒子，因其粒径较小或孔隙较多、比表面积较大、密度较小，在催化、吸附、药物负载等领域具有很大的应用潜力。微纳米粒子主要呈球形，由此还衍生出不同类型的微纳米粒子，如实心微球、微凝胶、中空微球、纳米线、囊泡、多孔微球等。多孔微球是具有一定尺寸孔隙结构和较高比表面积的微球。多孔材料根据其孔径一般分为以下三类：孔径小于 $2nm$ 的微孔材料、孔径介于 $2\sim50nm$ 之间的介孔材料和孔径大于 $50nm$ 的大孔材料。多孔材料一般具有密度较低、比表面积相对较高、重量轻和吸附能力强等特点，因而广泛应用于吸附、分离、消音、隔热、催化反应和生物工程等诸多方面。

微纳米粒子的制备方法主要分为聚合同步法和聚合分步法。聚合同步法常被称为一锅法，在制备聚合物的同时构筑微纳米粒子结构；而聚合分步法往往是首先制备聚合物，再进行微纳米化，常用的有聚合物再乳化/分散和聚合物自组装。

两亲性嵌段共聚物是将亲水链段和亲油链段通过化学键结合在一起的特殊聚合物，其亲水链段可以看作是亲水基团修饰聚合物的延伸。往这类嵌段共聚物的溶液中加入水时，由于疏水链段受到亲水链段的限制和稳定而发生自组装形成球形、蠕虫状、囊泡等多重形貌胶束，成为制备聚合物微纳米粒子的新方法。两亲性嵌段共聚物其组成类似于表面活性剂，具有亲水段和疏水段，因此，表面活性剂胶束的形成机理对于两亲性嵌段共聚物具有一定的适用性。影响表面活性剂胶束或两亲性分子自组装形状的是临界堆积参数，伊斯雷尔奇维利等提出了临界堆积参数 P 的概念，用来说明分子形状对自组装形态的影响。

$$P = V/(a_0 l_c)$$

式中：V 为表面活性剂疏水链所占的有效体积；a_0 为表面活性剂的亲水头所占的有

效面积；l_c 为疏水链的有效伸展长度。

　　图 3-6 可表示两亲分子形状对自组装体形成的影响。只要合理控制好两亲性嵌段共聚物亲水段和疏水段的长度比，就有可能与表面活性剂一样自组装成不同形状的纳米结构。

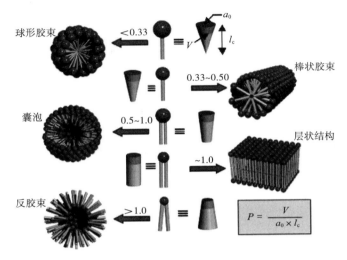

图 3-6　两亲分子结构对自组装体形成的影响

　　本实验采用聚甲基丙烯酸羟丙酯-b-聚甲基丙烯酸缩水甘油酯（PHPMA-b-PGMA）共聚物为原料，二氯甲烷和水作为溶剂，十二烷基硫酸钠（SDS）作为乳化剂，采用 $W_1/O/W_2$ 复合乳液溶剂挥发法制备多孔微纳米粒子。本实验中多孔微球的形成原因可能是由于 PHPMA 不溶于二氯甲烷，而 PGMA 溶于二氯甲烷，因此 PHPMA-b-PGMA 在二氯甲烷中形成以 PHPMA 为核，PGMA 为壳的胶束，聚合物 PHPMA-b-PGMA 虽不溶于水，但 PHPMA 能在水中溶胀，具有一定的亲水性，因此在乳化剂 SDS 的水溶液的存在下，聚合物 PHPMA-b-PGMA 首先在水中形成水包油（O/W）体系，但由于 SDS 能使界面能急剧降低，水珠得以进入聚合物中，溶胀 PHPMA 而形成水包油包水（W/O/W）体系，蒸发溶剂后固化成为多孔微球，如图 3-7 所示。当

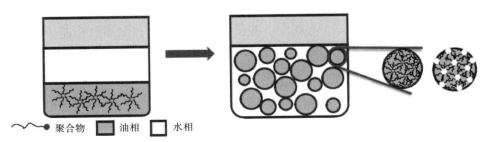

　　　　聚合物　　油相　　水相

图 3-7　多孔微球的形成机理

乳化剂浓度增大，则进入油相的小水珠增多，小水珠可能凝聚成大水珠形成大孔。

三、仪器与试剂

（一）仪器

磁力搅拌器、恒温油浴锅、离心机、超声波清洗机、电子天平、扫描电子显微镜、激光粒径分布仪、真空干燥箱。

（二）试剂

嵌段共聚物 PHPMA-b-PGMA、二氯甲烷（分析纯）、十二烷基硫酸钠（SDS，分析纯）、蒸馏水。

四、实验内容

（一）多孔微球粉末的制备

将 $PHPMA_{50}-b-PGMA_{158}$ 共聚物加入二氯甲烷中，配成1%溶液，取2mL上述溶液加入1mL蒸馏水，冰浴下超声5min，形成 O/W_1 初乳。再将 O/W_1 初乳转入9mL的不同浓度的 SDS 水溶液中，以1000r/min的速度在冰浴中搅拌30min形成 $W_1/O/W_2$ 复乳，然后让二氯甲烷自然挥发5h，最后用蒸馏水洗涤产物，真空干燥即得到多孔微球粉末。

（二）粒径分析

用激光粒度分布仪对微球粒径进行检测。样品制作方法：通过加水或者加样品来优化遮光率之前，先将样品配制成一定浓度的水溶液，然后加入激光粒度分布仪样品池中，当遮光率达到仪器的最低浓度测试要求时，便可进行粒径测试。测试浓度约为10%，测试范围 $0.1\sim1000\mu m$ ，测试时间120s，计算出平均粒径，并将详细结果记录在表3-4。

表3-4　实验数据记录表

SDS 溶液浓度（CMC）	0.1	0.3	0.5	1.0
微球平均粒径/μm				
微球平均孔径/μm				

（三）形貌表征

采用扫描电子显微镜对样品进行形貌观察。样品制作方法：将样品粉末放置于蒸馏水中，通过超声使之分散均匀，放置于导电胶或硅片上，待其室温干燥后喷金60s，待测。测试条件为室温，5kV电压，工作距离约为10mm，统计50个微球的孔径并计算平均值，实验结果记录于表3-4。

思考题

1. 本实验中多孔微球的形成机理是什么？
2. SDS溶液在多孔微球制备过程中起到什么作用？
3. 影响多孔微球粒径及孔径分布的因素有哪些？

参考文献

［1］陈永. 多孔材料制备及其表征［M］. 合肥：中国科学技术大学出版社，2010.
［2］谭少玲. 活性甲基丙烯酸酯嵌段共聚物微纳粒子的制备及功能化［D］. 深圳：深圳大学，2019.

实验六 丙烯酰胺水溶液聚合及其作为絮凝剂的应用

一、实验目的

❖ 掌握聚丙烯酰胺的制备方法及应用。
❖ 掌握溶液聚合法的原理及操作。

二、基本原理

丙烯酰胺为无色透明片状晶体，无臭，有毒。相对密度 1.12，熔点 84～85℃，沸点 125℃，溶于水、乙醇，微溶于苯、甲苯。丙烯酰胺是同时具有烯烃和酰胺性质的中性化合物，在一定条件下能发生聚合反应，在酸、碱性条件下均能水解。

聚丙烯酰胺（PAM）是目前世界上应用最广、效能最高的有机高分子絮凝剂，是一种具有良好降失水、增稠、絮凝和降低摩擦阻力等特性的油田化学助剂。在采油、钻井堵水、酸化、压裂、水处理等方面已经得到广泛应用，还可用作纸张增强、纤维改性、纺织浆料、纤维糊料、土壤改良、树脂加工、分散等方面。引入离子基团做成阳离子型或阴离子型 PAM，则更利于在某些领域使用，如阳离子型 PAM 主要絮凝带负电荷的胶体，具有除浊、脱色等功能；而阴离子型 PAM 由于具有良好的粒子絮凝化性能，更适合用于矿物悬浮物的沉降分离。调节聚合物分子量及引入各种离子基团，可以得到不同性能的、应用广泛的系列聚合物。

在制备聚丙烯酰胺的方法中，溶液聚合体系具有黏度低、搅拌和传热比较容易、不易产生局部过热、聚合反应容易控制等优点。进行溶液聚合时，溶剂的选择至关重要。选择溶剂时要注意其对引发剂分解、链转移作用以及聚合物溶解性能的影响。丙烯酰胺为水溶性单体，其聚合物也溶于水，本实验采用水为溶剂进行溶液聚合。与有机物作溶剂的溶液聚合相比，具有价廉、无毒、链转移常数小、对单体和聚合物的溶解性能好等优点。

合成聚丙烯酰胺的化学反应式如下：

$$n\text{CH}_2\!=\!\text{CH} \longrightarrow \;\;{+\!\text{CH}_2\!-\!\text{CH}\!+}_n$$

三、仪器与试剂

（一）仪器

三颈烧瓶（250mL）、球形冷凝管、恒温水浴锅、机械搅拌器、温度计、锥形瓶（50mL）、移液管（25mL）、烧杯（250mL）、布氏漏斗、抽滤瓶、真空干燥箱。

（二）试剂

丙烯酰胺（分析纯）、过硫酸钾（分析纯）、无水甲醇（分析纯）、无水乙醇（分析纯）、蒸馏水。

四、实验步骤

（1）在250mL的三颈烧瓶中间安装搅拌器，另外两个侧口分别装上温度计和冷凝管。要求安装规范，搅拌器转动自如。

（2）将5g丙烯酰胺和80mL蒸馏水加入反应瓶中，开动搅拌器，用水浴加热至30℃，使单体溶解。然后把溶解在20mL蒸馏水中的0.05g过硫酸钾加入反应瓶中。逐步升温到90℃，此时聚合物便逐渐形成，在90℃下反应2～3h。

（3）反应完毕，将所得到的产物倒入盛有25mL无水甲醇的烧杯中，边倒边搅拌，聚丙烯酰胺便会沉淀下来。将所得混合物进行抽滤，用少量的无水乙醇洗涤三次，将聚合物转移到表面皿上，30℃下真空干燥至恒重。

（4）絮凝性能测试。准确称取0.02g干燥后的聚丙烯酰胺溶解在50mL蒸馏水中；称取25g泥土，加入适量自来水分散后转移至250mL容量瓶中，加水至约240mL，摇匀，迅速加入聚丙烯酰胺水溶液6mL，补充自来水到250mL刻度处摇匀静置。记录开始静置至溶液分层所需时间t_1和溶液变澄清所需时间t_2。与不加聚丙烯酰胺的泥土水溶液静置至溶液分层所需时间t_1和溶液变澄清所需时间t_2作对比，分析絮凝效果。

五、数据记录与处理

（1）干燥后的聚丙烯酰胺质量_____g。

（2）聚丙烯酰胺絮凝性能测试。

实验数据列于表3-5。

表3-5 实验数据记录表

样品	t_1/min	t_2/min
加入聚丙烯酰胺的泥土水溶液		
不加聚丙烯酰胺的泥土水溶液		

思考题

1. 工业上在什么情况下采用溶液聚合法合成聚丙烯酰胺？

2. 为什么先加单体，再加引发剂，且要将引发剂溶于水中后再加入？

3. 选择引发剂需考虑哪些因素？

参考文献

［1］水谷久一. 聚合与解聚合反应［M］. 李福绵，译. 上海：上海科学技术出版社，1964.

［2］Schilaknecht C E. 高分子方法［M］. 朱秀昌，等译. 北京：科学出版社，1964.

［3］严瑞瑄. 水溶性高分子［M］. 北京：化学工业出版社，2003.

［4］何铁林. 水处理化学品手册［M］. 北京：化学工业出版社，2000.

实验七　苯丙乳液聚合及乳胶漆的配制

一、实验目的

❖ 了解乳液聚合的特点、配方及各组分的作用。
❖ 掌握苯丙乳液的制备方法，了解苯丙乳液的相关应用。

二、实验原理

乳液聚合是指单体在乳化剂的作用下分散在介质中，加入水溶性引发剂，在搅拌或振荡下进行的非均相聚合反应。乳化剂是乳液聚合的主要成分。乳液聚合的链引发、链增长、链终止都在胶束的乳胶粒内进行。单体液滴只是贮藏单体的仓库。反应速率主要取决于粒子数，具有快速、分子量高的特点。

苯丙乳液是苯乙烯、丙烯酸酯类、丙烯酸三元共聚乳液的简称。苯丙乳液作为一类重要的中间化工产品，具有无毒、无味、不燃、污染少、耐候性好、耐光、耐腐蚀性优良等特点，其应用非常广泛，现已用作建筑涂料、金属表面胶乳涂料、地面涂料、纸张黏合剂、胶黏剂等。

本实验以苯乙烯、丙烯酸丁酯、丙烯酸等为原料，过硫酸铵为引发剂，十二烷基硫酸钠、非离子型表面活性剂 OP-10 和碳酸氢钠为乳化剂，水为分散介质进行乳液聚合。苯乙烯在水相中溶解度很小，主要以胶束成核，乳化剂可以使互不相溶的单体—水转变为稳定的不分层的乳液。

三、仪器与试剂

（一）仪器

四颈烧瓶（250mL）、机械搅拌器、温度计、移液管（25mL）、球形冷凝管、恒温水浴锅、烧杯（50mL）、表面皿、真空干燥箱、滴液漏斗、研钵、刷子、pH 试纸、医用纱布。

（二）试剂

丙烯酸丁酯（分析纯）、苯乙烯（分析纯）、丙烯酸（分析纯）、十二烷基硫酸钠（分析纯）、OP-10（分析纯）、过硫酸铵（分析纯）、碳酸氢钠（$NaHCO_3$，分析纯）、氨水（5%）、钛白粉（分析纯）、羧甲基纤维素钠（分析纯）、氯化钠（分析纯）、十二烷基苯磺酸钠（分析纯）。

四、实验步骤

（1）引发剂：称取过硫酸铵 0.30g 溶于 5mL 水中备用。

（2）乳化剂：称取十二烷基硫酸钠 0.2g、OP-10 0.3g、$NaHCO_3$ 0.1g 加入 14.4g 蒸馏水中组成 15g 的混合液。

（3）混合原料：量取丙烯酸丁酯 20mL、苯乙烯 16.6mL、丙烯酸 1.4mL，在烧杯中混合备用。

（4）在装有电动搅拌器、温度计、滴液漏斗、冷凝管的 250mL 四颈烧瓶中加入 50g 蒸馏水，开动搅拌，加入全部乳化剂一半的混合原料，同时加入一半的引发剂。用质量分数为 5.0% 的氨水调节体系 pH 值为 8，在 78~83℃下反应 20min。

（5）滴加剩余的原料和引发剂，在 20~30min 内滴完，然后在 85~87℃下反应 2h，降温至 40℃以下，用 5% 氨水调节 pH 至 7.0~7.5 后放料。用医用纱布将乳液中小颗粒过滤后备用。

五、性能测试

（一）固含量测定

称量预先干燥过的蒸发皿，记录蒸发皿质量，量取定量乳液放入蒸发皿并称量，然后放入真空干燥箱 100℃干燥。称量干燥后的质量，计算固含量。

（二）机械稳定性测试

取一定量乳液在离心机中离心转速为 1400r/min，离心 3min。测试是否存在产品分相，如没有，说明本组实验制得的乳液有较好的机械稳定性。

（三）观察破乳现象

称取 5g 氯化钠溶解在 20mL 水中，将该溶液逐渐滴入聚合后的乳液中，观察乳液破乳现象。

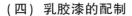

（四）乳胶漆的配制

称取 1g 羧甲基纤维素钠（增稠剂）放入小烧杯中，加入 30mL 蒸馏水并加热直至溶解。将该溶液倒入研钵中，同时加入 5.5g 钛白粉（颜料）研磨均匀。量取 20mL 乳液，加入 0.06g 十二烷基苯磺酸钠（分散剂）混合均匀。将加入分散剂的乳液和研磨后的颜料和增稠剂混合并继续研磨直至混合均匀。用配制好的乳胶漆进行涂覆，具体可以找有污渍的白漆墙面涂覆。可先用砂纸将有污渍的地方均匀打磨再涂覆，并观察涂覆效果。

六、数据记录与处理

实验数据列于表 3-6。

表 3-6 实验数据记录表

项目	结果
干燥前的样品质量/g	
干燥后的样品质量/g	
固含量/%	

思考题

1. 乳液聚合法的优缺点是什么？
2. 乳化剂的作用是什么？
3. 苯丙乳液聚合的投料操作应注意哪些问题？

参考文献

［1］邓云祥，刘振兴. 高分子化学、物理和应用基础［M］. 北京：高等教育出版社，1997.

［2］余学海，陆云. 高分子化学［M］. 南京：南京大学出版社，1994.

实验八 环氧树脂胶黏剂的合成、配制和应用

一、实验目的

❖ 掌握双酚 A 环氧树脂的固化机理和实验室制备方法。

❖ 了解环氧值的测定方法。

二、实验原理

环氧树脂预聚体为主链上含醚键和仲羟基、端基为环氧基的预聚体。其中的醚键和仲羟基为极性基团，可与多种表面之间形成较强的相互作用，而环氧基则可与介质表面的活性基，特别是无机材料或金属材料表面的活性基发生反应形成化学键，产生强力的黏结，因此环氧树脂具有独特的黏附力，配制的胶黏剂对多种材料具有良好的黏结性能，常称"万能胶"。目前使用的环氧树脂预聚体 90% 以上是由双酚 A 与过量的环氧氯丙烷缩聚而成。

$$(n+1)\text{HO}-\text{C}_6\text{H}_4-\underset{\underset{CH_3}{|}}{\overset{\overset{CH_3}{|}}{C}}-\text{C}_6\text{H}_4-\text{OH} \ + \ (n+2)\ \text{ClH}_2\text{C}-\text{HC}-\text{CH}_2 \ \xrightarrow{\text{NaOH}}$$

改变原料配比、聚合反应条件（如反应介质、温度及加料顺序等），可获得不同分子量与软化点的产物。为使产物分子链两端都带环氧基，必须使用过量的环氧氯丙烷。树脂中环氧基的含量是反应控制和树脂应用的重要参考指标，根据环氧基的含量可计算产物分子量，环氧基含量也是计算固化剂用量的依据。环氧基含量可用环氧值或环氧基的百分含量来描述。环氧基的百分含量是指每 100g 树脂中所含环氧基的质量，而环氧值是指每 100g 环氧树脂所含环氧基的物质的量，环氧值采用滴定的方法来获得。

环氧树脂未固化时为热塑性的线型结构，存在不耐热和不耐有机溶剂腐蚀的缺点，故无实用价值。在使用时必须加入固化剂，并与环氧基或羟基作用，生成网状体型的热固性树脂，就具有良好的耐腐蚀性和热稳定性，表现出良好的电学性能和机械强度。环氧树脂的固化剂种类很多，如多元胺、羧酸、酸酐等。使用多元胺固化时，固化反应为多元胺的氨基与环氧预聚体的环氧端基之间的加成反应。该反应无须加热，可在室温下进行，称为冷固化。反应式如下：

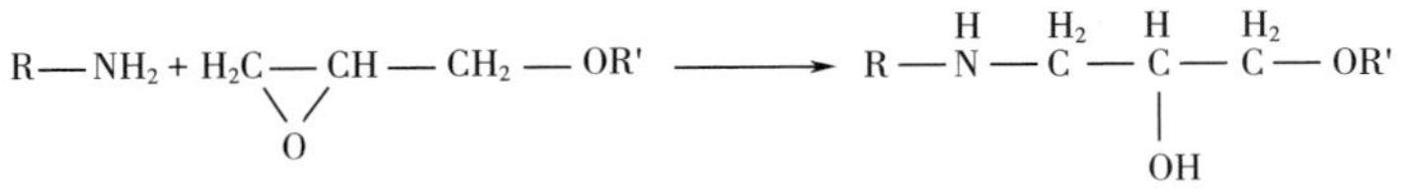

$$R—NH_2 + H_2C—CH—CH_2—OR' \longrightarrow R—N—C—C—C—OR'$$

用多元羧酸或酸酐固化时，交联固化反应是羧基与预聚体上的仲羟基及环氧基之间的反应，需在加热条件下进行，称为热固化。如用酸酐作固化剂时，反应式如下：

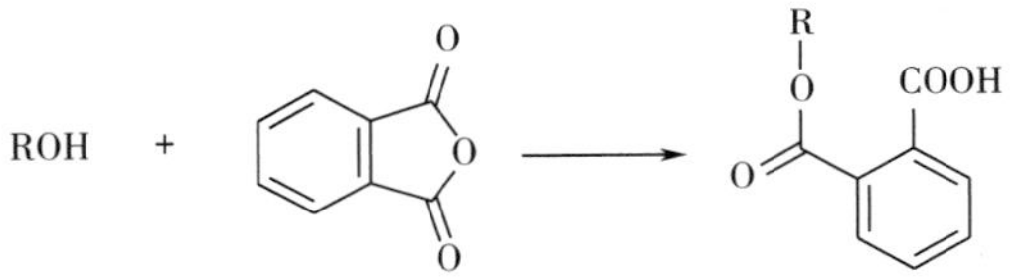

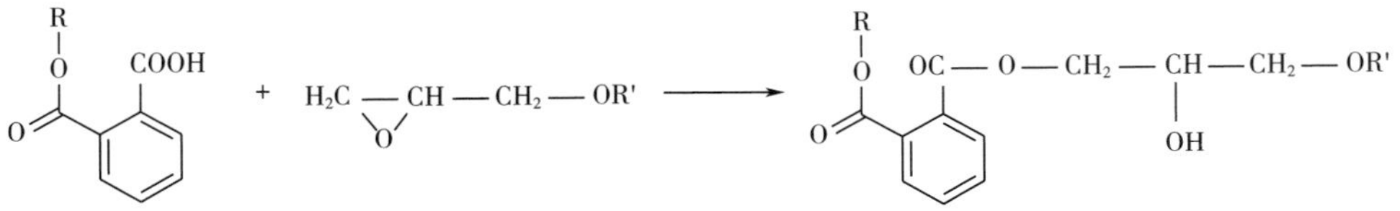

三、主要药品与仪器

（一）仪器

三口烧瓶（250mL）、分液漏斗（250mL）、搅拌器、碘瓶（150mL）、温度计、移液管（25mL）、回流冷凝管、滴定管（25mL）、滴液漏斗（60mL）、恒温水浴锅、表面皿、精密 pH 试纸。

（二）试剂

双酚 A（分析纯）、环氧氯丙烷（分析纯）、乙二胺（分析纯）、氢氧化钠（分析纯）、蒸馏水、乙醇（分析纯）、浓盐酸（分析纯）、丙酮（分析纯）、磷酸二氢钠（分析纯）、硝酸银溶液（0.1mol/L）、醋酸（分析纯）、酚酞试液、邻苯二甲酸氢钾（分析纯）、邻苯二甲酸二丁酯（分析纯）。

四、实验内容

（一）树脂制备

（1）搭建反应装置（图 3-8），分别加入 11g 双酚 A、14g 环氧氯丙烷，开动搅拌，加热升温至 70℃。

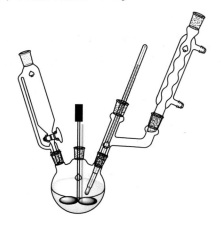

图 3-8　实验装置图

（2）待双酚 A 全部溶解后，称取 4g NaOH 溶解在 10mL 水中，倒入滴液漏斗中，将滴液漏斗中的 NaOH 水溶液慢慢滴加到反应瓶中，注意保持反应温度在 70℃ 左右，约 0.5h 滴完。

（3）升温至 75~80℃ 继续反应 1.5~2h，可观察到反应混合物呈乳黄色。停止加热，冷却至室温。为防止萃取时发生乳化现象，可用 20% 磷酸二氢钠溶液中和聚合后的树脂使 pH 值达到 7~7.5。

（4）向反应瓶中加入 4 倍合成树脂体积的甲苯，30mL 蒸馏水，充分搅拌后，倒入 250mL 分液漏斗中，静置，分去水层，收集油层。

（5）油层用蒸馏水洗涤数次，通过 0.1mol/L 的硝酸银溶液检测水层的氯离子，直至水层中无氯离子。水洗时加水量为有机相的 30%，水洗时如有乳化现象可加少量醋酸溶液消除乳化层。

（6）水洗后的油相通过旋转蒸发仪除去绝大部分的甲苯、水、未反应的环氧氯丙烷，再真空干燥得环氧树脂。

（二）环氧值的测定

环氧值是指每 100g 环氧树脂中含环氧基的物质的量。环氧值是环氧树脂质量的重要标志之一，也是计算固化剂用量的依据。相对分子质量越高，环氧值就相应降低。一般低相对分子质量环氧树脂的环氧值在 0.48~0.57 之间。相对分子质量小于 1500 的环氧树脂，其环氧值测定用盐酸—丙酮法。

具体操作：取 150mL 碘瓶两只，各准确称取环氧树脂 1g（精确到 mg），用移液管分别加入 25mL 盐酸—丙酮溶液，加盖摇动使树脂完全溶解。在阴凉处放置约 1h，加入 3 滴酚酞指示剂，用 NaOH 乙醇溶液滴定，同时按上述条件做两个空白对比。

环氧值 E 按下式计算：

$$E = 100(V_1 - V_2) \times C/1000M = (V_1 - V_2) \times C/10M$$

式中：V_1——空白滴定所消耗 NaOH 溶液体积，mL；

　　　V_2——样品滴定所消耗 NaOH 溶液体积，mL；

　　　C——NaOH 溶液的浓度，mol/L；

　　　M——树脂质量，g。

注：（1）盐酸—丙酮溶液的配制：将 2mL 浓盐酸溶于 80mL 丙酮中，混合均匀（现配现用）。

（2）NaOH—乙醇溶液标准溶液的配制：将 4g NaOH 溶于 100mL 乙醇中，用标准邻苯二甲酸氢钾溶液标定，酚酞做指示剂。

（三）环氧树脂胶黏剂的配制及应用

准确称量干燥的环氧树脂并按以下配方进行胶黏剂的配制：干燥环氧树脂 10g、丙酮 4g、乙二胺 1.5g、邻苯二甲酸二丁酯 0.3g。将配制好的胶黏剂用来粘接形状不同的木块，观察胶黏剂的固化时间及粘接性能。

五、实验结果与处理

（1）环氧树脂的外观：_____。

（2）环氧值测定结果记录于表 3-7。

表 3-7　环氧值测定结果

项目	结果
V_1/mL	
V_2/mL	
$C/$（mol/L）	
M/g	
环氧值/（mol/g）	

（3）黏结效果观察：_____。

分析与思考

根据所测环氧值计算所得聚合产物的分子量。

参考文献

［1］邓云祥，刘振兴．高分子化学、物理和应用基础［M］．北京：高等教育出版社，1997．

［2］许长清．合成树脂及塑料手册［M］．北京：化学工业出版社，1991．

［3］复旦大学化学系高分子教研室编．高分子实验技术［M］．上海：复旦大学出版社，1983．

［4］吴承佩，周彩华，栗方星．高分子化学实验［M］．合肥：安徽科学技术出版社，合肥，1989．

实验九 环氧氯丙烷交联淀粉的制备

一、实验目的

❖通过交联淀粉的制备掌握高分子交联反应的基本操作。
❖通过环氧氯丙烷交联淀粉了解天然高分子交联改性的特点以及产品的性质。

二、实验原理

交联淀粉是一种新的合成物质，属于变性淀粉中的一种，是含有两个或两个以上官能团的化学交联剂（如环氧氯丙烷等）和淀粉分子的羟基作用生成的衍生物。颗粒中淀粉分子间由氢键组合成颗粒结构，热水中的淀粉氢键减弱，颗粒吸水膨胀，黏度增加，达到最大值，说明膨胀颗粒已经达到了最大的水合作用。继续加热能够使氢键破裂，黏度下降。相比之下，交联化学键的强度远高于氢键，能够提高颗粒结构的强度，抑制颗粒膨胀、破裂和黏度下降。

交联淀粉的生产工艺取决于交联剂，大多数反应在悬浮液中进行，反应控制温度为 30~35℃，介质为碱性。在碱性介质下，以环氧氯丙烷为交联剂制备交联淀粉的反应式如下。

$$St\text{—}OH + \underset{O}{\overset{}{\triangle}}\text{—}Cl \xrightarrow{OH^-} St\text{—}O\underset{HO}{\overset{}{\diagdown}}Cl \xrightarrow{OH^-} St\text{—}O\underset{O}{\overset{}{\triangle}}$$

$$St\text{—}OH + St\text{—}O\underset{O}{\overset{}{\triangle}} \xrightarrow{OH^-} St\text{—}O\underset{HO}{\overset{}{\diagdown}}O\text{—}St$$

交联淀粉主要性能体现在其耐酸、耐碱和耐剪切力，冷冻稳定性和冻融稳定性好，并具有糊化温度高、膨胀性小、黏度大和耐高温等性质。随着交联程度增加，淀粉分子间交联化学键数量增加。约 100 个 GU（脱水葡萄糖单元）有一个交联键时，则交联完全抑制颗粒在沸水中膨胀，不糊化。因此，交联淀粉的许多性能都优于淀粉。交联淀粉提高了糊化温度和黏度，比淀粉糊更加稳定。经低度交联的淀粉糊黏度受剪切力影响较小，因此稳定性较好。交联淀粉的抗酸、碱的稳定性也明显优于淀粉。近年来所研究的水不溶性淀粉基吸附剂通常是用环氧氯丙烷交联淀粉为原料所制备的。

本实验以环氧氯丙烷为交联剂，在碱性介质下制备交联玉米淀粉，通过沉降法测定交联淀粉的交联度。

三、仪器与试剂

（一）仪器

三颈烧瓶（250mL）、恒温水浴锅、球形冷凝管、电子天平、温度计、移液管（25mL）、烧杯（100mL）、电动搅拌器、pH 试纸、循环水式真空泵、布氏漏斗、抽滤瓶、磁力加热搅拌器、离心机、刻度离心管、干燥箱。

（二）试剂

玉米淀粉（食品级）、无水乙醇（分析纯）、氯化钠（分析纯）、氢氧化钠（化学纯）、环氧氯丙烷（化学纯）、盐酸（分析纯）。

四、实验内容

（一）交联淀粉的合成

将 25g 玉米淀粉加入 40mL 水配成 40% 的淀粉乳液，放入三颈烧瓶中，加入 4.5g NaCl，开始用机械搅拌器以 60r/min 的速度搅拌，混合均匀后，用 1mol/L NaOH 调节 pH 值至 10.0，加入 15mL 环氧氯丙烷，于 55℃下反应 40min，即可制得交联淀粉。

用 2% 的盐酸调节 pH 值为 6.0~6.8，得中性溶液，过滤，分别用水、乙醇洗涤，干燥。

（二）交联度的测定

准确称取 0.5g 绝干样品于 100mL 烧杯中，用移液管加入 25mL 蒸馏水制成淀粉溶液。将烧杯置于 82~85℃水浴中，稍加搅拌，保温 2min，取出冷却至室温。2 支刻度离心管分别倒入 10mL 糊液，对称装入离心机，慢慢加速至 4000r/min。用秒表计时，运转 2min 后，停转。取出离心管，将上清液倒入另 1 支同样体积的离心管中，读出的体积（mL）为沉降积。对同一样品进行两次平行测定。

五、实验结果

1. 合成结果记录（表 3-8）

表 3-8　合成结果记录表

项目	结果
产品外观	
产量/g	
产率/%	

2. 交联度的测定（表 3-9）

表 3-9　交联度测试结果记录表

项目	结果
干燥的样品质量/g	
沉降积/mL	

思考题

1. 反应混合液中所添加的氯化钠起什么作用？
2. 思考交联淀粉其他可能的表征方法。

参考文献

[1] 王占忠，刘钟栋，陈肇锬. 小麦交联淀粉的制备工艺研究 [J]. 中国粮油学报，2004，19（1）：26-30.

[2] 孙小凡，王会，曾庆华，等. 六偏磷酸钠制备食用小麦交联淀粉的工艺研究 [J]. 粮食与油脂，2016，29（4）：39-41.

[3] 曲荣君. 材料化学实验 [M]. 北京：化学工业出版社，2015.

实验十 强酸型阳离子交换树脂的制备及其交换量的测定

一、实验目的

❖ 学习如何通过悬浮聚合制得颗粒均匀的悬浮共聚物。

❖ 通过苯乙烯和二乙烯苯共聚物的磺化反应，了解制备功能高分子的方法。

❖ 掌握离子交换树脂体积交换量的测定方法。

二、实验原理

离子交换树脂通常是球形小颗粒，这样的形状使离子交换树脂的应用十分方便。用悬浮聚合方法制备球状聚合物是制取离子交换树脂的重要实施方法。在悬浮聚合中，影响颗粒大小的因素主要有三个：分散介质（一般为水）、分散剂和搅拌速度。水量不够不足以把单体分散开，水量太多反应容器要增大，给生产和实验带来困难。一般水与单体的体积比例在 2~5 之间。分散剂的最小用量虽然可能小到单体的 0.005% 左右，但一般常用量为单体的 0.2%~1%，太多容易产生乳化现象。当水和分散剂的量确定后，搅拌速度是制备粒度均匀的球状聚合物的极为重要的因素。离子交换树脂对颗粒度要求比较高，所以为制得颗粒度合格率比较高的树脂，严格控制搅拌速度，是实验中特别需要注意的问题。

在聚合时，如果单体内加有致孔剂❶，得到的是乳白色不透明状大孔树脂，修饰有功能基后变为具有一定颜色的不透明状大孔树脂。如果聚合过程中没有加入致孔剂，得到的是透明状树脂。这种树脂又称凝胶树脂，凝胶树脂只有在水中溶胀后才有交换能力。这时凝胶树脂内部孔道直径只有 2~4μm，树脂干燥后孔道消失。但对于大孔树脂的内部孔道而言，直径可小至数微米，大至数百微米，树脂干燥后孔道仍然存在。大孔树脂内部由于具有较大的孔道，离子在其内部容易迁移扩散，交换速度快，工作效率高。

按功能基分类，离子交换树脂又分为阳离子交换树脂和阴离子交换树脂。当把

---

❶ 致孔剂就是能与单体混溶，但不溶于水，对聚合物能溶胀或沉淀，但其本身不参加聚合，也不对聚合产生链转移反应。

阴离子基团固定在树脂骨架上，可进行交换的部分为阳离子时，称为阳离子交换树脂，反之为阴离子交换树脂。

阳离子树脂用酸处理后，均为酸型阳离子树脂，根据酸的强弱，又可分为强酸型及弱酸型树脂。一般把磺酸型树脂称为强酸型，羧酸型树脂称为弱酸型，磷酸型树脂介于这两种树脂之间。

离子交换树脂应用极为广泛，可用于水处理、原子能工业、海洋资源、化学工业、食品加工、分析检测、环境保护等领域。

本实验中制备的是凝胶型磺酸树脂。主要反应如下：

聚合反应：

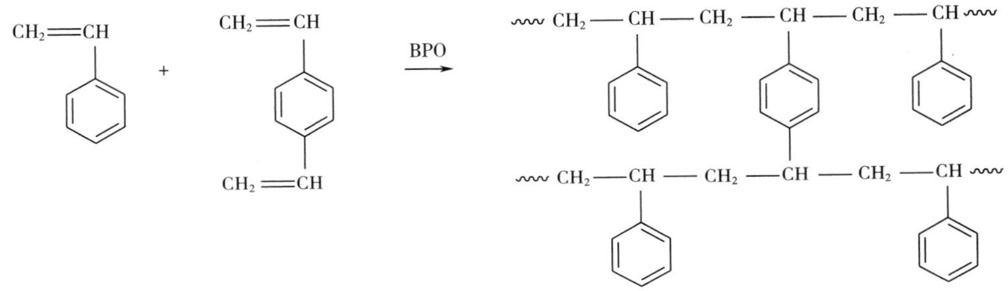

(交联聚苯乙烯)

磺化反应：

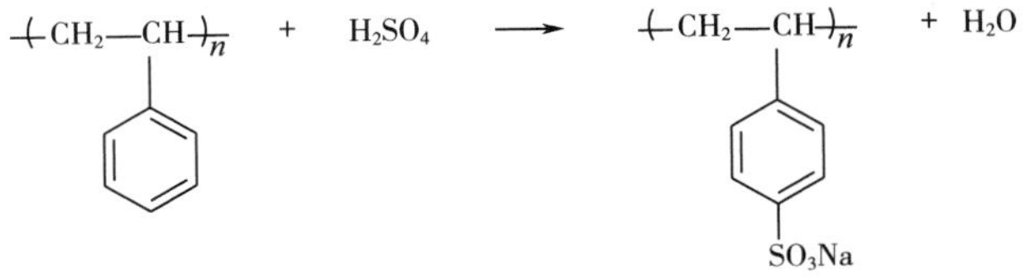

三、仪器与试剂

（一）仪器

三颈烧瓶（250mL）、球形冷凝管、直型冷凝管、交换柱、量筒（100mL）、烧杯（100mL）、搅拌器、水银导电表、继电器、电炉、水浴锅、标准筛（30~70目）、表面皿、尼龙纱袋、瓷盘。

（二）试剂

苯乙烯（St，分析纯）、二乙烯苯（DVB，分析纯）、过氧化苯甲酰（BPO，分析纯）、聚乙烯醇水溶液（PVA，5%）、亚甲基蓝水溶液（0.1%）、二氯乙烷（分析纯）、硫酸（92%~93%）、盐酸（5%）、氢氧化钠溶液（5%）。

四、实验步骤

（一）St—DVB 的悬浮共聚

在 250mL 三颈烧瓶中加入 100mL 蒸馏水、5mL 5%PVA 水溶液，数滴亚甲基蓝水溶液[1]。搅拌并缓慢加热，升温至 40℃后停止搅拌。将事先在小烧杯中混合并溶有 0.25g BPO、40g St 和 10g DVB 的混合物倒入三颈烧瓶中。开动搅拌器，开始转速要慢，待单体全部分散后，用细玻璃管吸出部分油珠放到表面皿上。观察油珠大小。如油珠偏大，可缓慢加速。过一段时间后继续检查油珠大小，如仍不合格，继续加速，如此调整油珠大小，一直到合格为止[2]。待油珠合格后，以1~2℃/min 的速度升温至 70℃，并保温 1h，再升温到 85~87℃反应 1h。在此阶段防止调整搅拌速度和停止搅拌，以防止小球不均匀和发生黏结。当小球定型后升温至 95℃，继续反应 2h。停止搅拌，水浴加热 2~3h，将小球倒入尼龙纱袋中[3]，先后用热水、蒸馏水洗小球 2 次，将水甩干，把小球转移到瓷盘内，自然晾干或在 60℃真空干燥箱中干燥 3h，称量。用 30~70 目标准筛过筛，称重，计算小球的合格率。

（二）共聚小球的磺化

称取合格小球 20g，放入 250mL 装有搅拌器及回流冷凝管的三颈烧瓶中，加入 20mL 二氯乙烷，溶胀 10min，加入 100mL 92.5% H_2SO_4。缓慢搅动，以防把树脂粘到瓶壁上。用油浴加热，1h 内升温至 70℃，反应 1h，再升温至 80℃反应 6h。然后改成蒸馏装置，搅拌下升温至 110℃，常压蒸出二氯乙烷。

冷却至室温后，用玻璃砂芯漏斗抽滤，除去硫酸，然后把这些硫酸缓慢倒入能将其浓度降低 15%的水中，把树脂小心地倒入被冲稀的硫酸中，搅拌 20min。抽滤

---

[1] 亚甲基蓝为水溶性阻聚剂，它的作用是防止体系内发生乳液聚合，避免影响产品外观。

[2] 珠粒的大小是根据需要确定的。

[3] 目的是洗掉 PVA，在尼龙纱袋中进行比较方便。

除去硫酸，将此硫酸的一半倒入能将其浓度降低 30% 的水中，将树脂倒入被第二次冲稀的硫酸中，搅拌 15min❶。抽滤除去硫酸，将硫酸的一半倒入能将其浓度降低 40% 的水中，把树脂倒入被三次稀释的硫酸中，搅拌 15min。抽滤除去硫酸，用蒸馏水洗涤至中性。

取约 8mL 树脂于交换柱中，保留液面超过树脂即可，树脂内不能有气泡。加 100mL 5%NaOH，并逐滴流出，将树脂转为 Na 型。用蒸馏水洗至中性。再加 5% 盐酸 100mL，将树脂转为 H 型。用蒸馏水洗至中性。如此反复三次。

（三）树脂性能的测试

1. 质量交换量

单位质量的 H 型干树脂可以交换阳离子的物质的量。

2. 体积交换量

湿态单位体积的 H 型树脂交换阳离子的物质的量。

3. 膨胀系数

树脂在水中由 H 型（无多余酸）转为 Na 型（无多余碱）时体积的变化。

4. 视密度

单位体积（包括树脂空隙）的干树脂的质量。本实验只测体积交换量与膨胀系数两项。其测定原理如下

取 5mL 处理好的 H 型树脂放入交换柱中，倒入 1mol/L NaCl 溶液 300mL，用 500mL 锥形瓶接流出液，流速 1~2 滴/min。注意不要流干，最后用少量水冲洗交换柱。将流出液转移至 500mL 容量瓶中。锥形瓶用蒸馏水洗三次，也一并转移至容量瓶中，最后将容量瓶用蒸馏水稀释至刻度。然后分别取 50mL 液体于两个 300mL 锥形瓶中，加入酚酞指示剂，并用 5% NaOH 标准溶液滴定。

空白实验：取 300mL 1mol/L NaCl 溶液于 500mL 容量瓶中，加蒸馏水稀释至刻度，取样进行滴定。体积交换容量 E 用下式计算：

---

❶ 由于是强酸，操作中要防止酸被溅出。学生可准备一空烧杯，把树脂倒入烧杯内，再把硫酸倒入盛树脂的烧杯中，可以防止酸被溅出来。

$$E = \frac{M(V_1 - V_2)}{V}$$

式中：E——体积交换容量，mol/mL；

M——NaOH 标准溶液的浓度，mol/L；

V_1——样品滴定消耗的 NaOH 标准溶液的体积，mL；

V_2——空白滴定消耗的 NaOH 标准溶液的体积，mL；

V——树脂的体积，mL。

用量筒取 5mL H 型树脂，在交换柱中转为 Na 型并洗至中性，用量筒测其体积。
膨胀系数 P 按下式计算：

$$P = \frac{V_H - V_{Na}}{V_H} \times 100\%$$

式中：P——膨胀系数；

V_H——H 型树脂体积，mL；

V_{Na}——Na 型树脂体积，mL。

参考文献

[1] 贺子良，王丽娟，朱利军，等. 采用强酸型阳离子交换树脂分离铝离子和磷酸盐 [J]. 环境工程学报，2017，11（5）：2640-2645.

[2] 潘祖仁. 高分子化学 [M]. 5 版. 北京：化学工业出版社，2012.

[3] 钱挺宝. 离子交换树脂应用技术 [M]. 天津：天津科学技术出版，1984.

实验十一 水溶性酚醛树脂的制备及其性能测定

一、实验目的

❖ 了解缩聚反应的特点及反应条件对产物性能的影响。

❖ 掌握碱催化条件下酚醛树脂的合成方法。

❖ 掌握酚醛树脂的固含量、水溶性的测定方法。

二、实验原理

由酚类化合物与醛类化合物缩聚反应得到的酚醛树脂已经具有悠久的历史。酚醛树脂是最早实现工业化的树脂，它具有很多优点：如抗湿、抗电、耐腐蚀等，模制器件有固定形状、不开裂等优点，在现代工业中应用广泛。在树脂与塑料行业内，人们对纯油溶性或半油溶性酚醛树脂做了很多研究，并获得广泛关注。水溶性酚醛树脂属于酚醛树脂的甲阶产品，其分子上含有羟甲基官能团或二亚甲基醚键结构，并具有自固化性能，是热固型酚醛树脂的活性中间体。由于苯环上的羟甲基官能团具有很强的反应活性，在一定温度和弱碱性或中性条件下，其相互间就可发生脱水缩合反应或与酰胺基团发生脱水缩合的反应。

酚醛树脂是由酚类和醛类物质在酸或碱催化剂下合成的缩聚物，在合成过程中原料官能度的数目、两种原料的物质的量之比以及催化剂的类型对生成树脂有很大影响。酚醛树脂由苯酚和甲醛缩聚而得，苯酚和甲醛反应时，苯酚包含三个反应点，即酚基的两个邻位和一个对位，其官能度为 3；甲醛在水中以甲二醇形式存在，其官能度为 2，两者聚合反应为非线型逐步聚合反应。碱催化合成酚醛树脂的原理为：

碱催化生成具有更强亲核性的苯氧负离子。

与甲醛初步反应生成一羟甲基苯氧负离子。

继续与甲醛反应生成二羟甲基苯酚、三羟甲基苯酚和含二亚甲基醚的多羟甲基苯酚以及水溶性（甲阶）酚醛树脂。

水溶性酚醛树脂进一步自缩聚就可得到网状体型酚醛树脂。

（一）固含量的测定

试样在135℃下聚合时，有部分物质被挥发，其残余物的质量百分比即为固含量。

$$固含量 = \frac{m_1}{m_2} \times 100\%$$

式中：m_1——为烘干后试样的质量，g；

　　　m_2——为烘干前试样的质量，g。

（二）水溶性的测定

单位质量树脂液能溶解水的量即为水倍率。

$$水倍率 = \frac{m_1}{m} \times 100\%$$

式中：m_1——消耗的蒸馏水质量，g；

　　　m——试样质量，g。

三、仪器与试剂

（一）仪器

电子天平、三颈烧瓶（500mL）、电动搅拌器、球形冷凝管、温度计、加热套、表面皿、吸管、玻璃棒、滴定管、涂-4杯、瓷坩埚、真空干燥箱。

（二）试剂

苯酚（分析纯）、甲醛（分析纯）、氢氧化钠（分析纯）。

四、实验内容

（一）树脂的合成

此实验在500mL三颈烧瓶中进行。各物质用量如下：0.1mol/L氢氧化钠水溶液125mL、蒸馏水68mL、苯酚47g、37%甲醛60.5g。

（1）在三颈烧瓶中将针状无色苯酚晶体加热到43℃，搅拌熔化后，加入氢氧化钠水溶液和水，溶液呈粉红色，并出现少许颗粒，升温至45℃并保温25min。

（2）加入甲醛总量的80%，溶液呈现棕红色，固体颗粒减少，约3min后，溶液为深棕色透明液体，并于45~50℃保温30min，在80min内由50℃升至87℃，再在25min内由87℃升至95℃，在此温度下保温20min。

（3）在30min内由95℃冷却至82℃，加入剩余的20%甲醛，溶液少许混浊，随后又恢复澄清，于82℃保温15min。

（4）在30min内把温度从82℃升至92℃，溶液在约6min后呈现胶状，颜色为深棕色。在92~96℃下保温20min后，降至40℃时，出料。产品为深棕色黏稠状液体。

（二）固含量的测定

准确称取1g试样于已知质量的瓷坩埚中，放入真空干燥箱中，135℃保温2h，冷却，称重。

按公式计算固含量。

注意事项：干燥温度必须从室温开始，以免试样起泡、飞溅。

（三）水倍率的测定

用电子天平称取10g试样于50mL烧杯中，搅拌均匀后，并用蒸馏水滴定，边滴定边搅拌，直到试样呈乳白色为止，记下蒸馏水的体积（mL）。

按公式计算水倍率。

（四）黏度的测定

方法：涂-4杯；温度：25℃；时间单位：s。

样品加入涂-4杯，加满，多余的用玻璃棒赶入涂-4杯的沟槽中，放开出口，同时开始计时，直至第一次断线计时结束。反复3次，取平均值。实验结果记录于表3-10。

表3-10　实验记录表

固含量/%	水倍率/%	黏度/s		

思考题

1. 计算苯酚、甲醛加料量的摩尔比，甲醛过量的目的何在？

2. 碱催化合成酚醛树脂实验中催化剂的作用是什么？

背景知识

酚醛树脂是第一个商业化的人工合成聚合物，早在 1909 年就由 Bakelite 公司开始生产。它具有高强度和尺寸稳定性好、抗冲击、抗蠕变、抗溶剂和耐热性能良好等优点。大多数酚醛聚合物都需要加入填料增强。通用级酚醛塑料常用云母、黏土、木粉或矿物质粉、纤维素和短纤维素来增强。而工程级酚醛聚合物则要用玻璃纤维、弹性体、石墨及聚四氟乙烯来增强，使用温度达 150~170℃。

酚醛聚合物大量地用作胶合板和纤维板的黏合剂，也用于黏结氧化铝或碳化硅做砂轮，还用作家具、汽车、建筑、木器制造等领域的黏合剂。作为涂料也是它的另一个重要应用，如酚醛清漆，将它与醇酸树脂、聚乙烯、环氧树脂等混合使用，性能也很好。含有酚醛树脂的复合材料可用于航空飞行器，它可以制成开关、插座机壳等。

参考文献

[1] 顾婉娜. 水溶性酚醛树脂合成及其层压板的制备研究 [J]. 科技创新导报，2019，16（15）：79-81.
[2] 潘祖仁. 高分子化学 [M].5 版. 北京：化学工业出版社，2011.

第四章

综合设计性实验

实验一 基于软—硬模板法制备有序介孔碳

一、实验目的

❖ 了解有序介孔碳的制备原理和制备方法。

❖ 独立设计并完成有序介孔碳的制备和表征。

❖ 掌握比表面物理吸附仪测定比表面积和孔容的基本原理。

二、实验原理

多孔碳材料是指具有不同孔道结构的碳材料，包括活性炭、碳分子筛等，其孔径大小从具有相当于分子大小的纳米级超细微孔到适于微生物增殖及活动的微米级细孔。按照其孔径大小，多孔碳材料可以分为如下三种：微孔碳材料（孔径 < 2nm），介孔碳材料（2nm ≤ 孔径 ≤ 50nm），大孔碳材料（孔径 > 50nm）。有序介孔炭具有高比表面积和孔容、较窄的孔径分布、表面化学惰性以及良好的机械稳定性，是一种新型纳米碳材料。与传统介孔硅基材料相比，介孔碳在水相中具有更好的结构稳定性，与其他多孔碳（活性炭、炭黑、活性炭纤维等）相比，又具有孔道均匀有序、较高的比表面积和孔体积等优点。自其成功合成以来，一直是新型碳材料研究热点，其制备方法、表面改性技术以及在吸附、催化、储能和电化学等方面的应用得到了迅猛发展。

合成有序介孔碳（OMC）常用的方法有两种：硬模板法和软模板法。硬模板法合成机理如图 4-1 所示，以有序介孔硅材料为硬模板，通过纳米浇铸的方法向硅介孔孔道灌入碳源，再经高温碳化后脱除模板，就得到了有序介观结构的介孔材料。

目前制备介孔碳材料常用的硬模板为介孔分子筛 SBA-15 和 KIT-6。这是因为对于这两种介孔氧化硅材料的研究非常透彻，合成方法简便，易于调控，可以得到不同孔径大小、不同孔壁厚度且孔道高度开放的模板材料。所制备得到的介孔碳材料也能够通过硬模板的不同而得到调控。而碳前驱体的选择也非常重要，首先需要碳源分子的尺寸能够与硬模板的孔道尺寸相匹配，能够顺利地进入模板孔道中。其次，碳前驱体需要与硬模板孔壁具有一定的相容性。最后，还需要碳前驱体具有较高的碳化率，这样在碳化后才能够得到连续的骨架结构。根据这些要求，科研工作者开辟了一系列可以作为碳前驱体的化合物，包括蔗糖、糠醇、酚醛树脂、中间相沥青、萘、聚丙烯腈、二乙烯基苯等。除此以外，一些有机溶剂，如乙醇、甲苯和气体，如甲烷等也可以通过 CVD 的方法引入介孔孔道内。

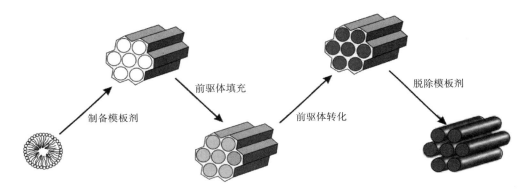

制备模板剂　　前驱体填充　　前驱体转化　　脱除模板剂

图 4-1　硬模板法合成有序介孔碳的示意图

软模板法是通过前驱体与模板剂的自组装来形成介观结构，经过骨架的进一步交联，再除去模板剂来得到介孔材料的方法。软模板法又可以细分为溶液相法和溶剂挥发诱导自组装法。溶液相法是通过"溶胶—凝胶"过程来形成介观结构的，一般在较稀的模板剂浓度下进行。在合成过程中，介孔材料以沉淀（凝胶）方式析出，在碱性、酸性和中性条件下都可以进行。溶液相法通常的合成过程如下：先将模板剂溶解，调节溶液至恰当的 pH 值，得到均一的溶液。再加入无机前驱体，使其发生水解、交联等溶胶凝胶过程。与此同时，无机前驱体通过氢键以及电荷作用（阴离子表面活性剂负电荷）与表面活性剂组装形成有序介观结构，随着无机物种交联程度的不断增加，最终从溶液中沉淀、分离出来，过滤、洗涤和干燥后经过水热过程晶化骨架，再脱除模板剂，即可得到具有开放性孔道结构的介孔材料。溶剂挥发诱导自组装法（EISA）是合成介孔材料的又一重要方法，非常适合于制备膜状以及单片状形貌的材料。这种方法主要是利用溶剂的缓慢挥发，使模板剂和前驱体浓度不断增大，达到临界胶束浓度，从而实现从溶液相到液晶相的转变，再通过前驱物骨架进一步交联使液晶相固定，从而得到有序介观结构。

本实验的主要内容是查阅相关文献资料，分别用硬模板和软模板两种方法制备出有序介孔碳，并通过小角 XRD 衍射、N_2 吸附—脱附和透射电子显微镜等手段表征其介观结构。

三、仪器与试剂

（一）仪器

电子天平、烧杯、恒温水浴锅、管式炉、圆底烧瓶、磁力搅拌器、超声波清洗器、真空干燥箱、布氏漏斗、抽滤瓶、循环水式真空泵、比表面物理吸附仪。

（二）试剂

介孔分子筛 SBA-15、蔗糖、蒸馏水、浓硫酸（分析纯）、氢氧化钠（分析纯）、无水乙醇（分析纯）、三嵌段共聚物表面活性剂 F127、苯酚（分析纯）、甲醛（分析纯）、浓盐酸（分析纯）。

四、实验内容

（1）有序介孔碳的制备：学生查阅有关资料，拟定合适的方案，分别用软—硬模板法，在实验室自己动手制备出有序介孔碳（OMC）。

（2）查阅有关小角 XRD 衍射仪的操作方法，对所合成的样品进行分析。

（3）查阅有关氮气吸附—脱附的基本原理，对介孔碳的孔隙分布进行表征。

（4）查阅有关透射电子显微镜的实验操作方法，观察介孔碳的形貌。

思考题

1. 硬模板法合成有序介孔碳时，碳源的选择有什么要求？
2. 比表面物理吸附仪测定介孔材料比表面积和孔容的基本原理是什么？

参考文献

［1］刘蕾，袁忠勇．介孔碳材料的研究进展［J］．中国科技论文在线，2011，6（3）：161-175.

［2］张文华，陈瑶，艾新平，等．硫/介孔碳复合正极材料的制备与表征［J］．电化学，2010，16（1）：16-19.

［3］王涛．不锈钢表面有序介孔碳基薄膜的制备及其性能［D］．南京：南京航空航天大学，2012.

［4］罗维．两亲性嵌段共聚物的设计并以其为模板剂合成新型大孔径介孔材料及应用［D］．上海：复旦大学，2013.

实验二 巯基聚倍半硅氧烷载银催化剂的制备、表征及催化能力测定

一、实验目的

❖掌握巯基聚倍半硅氧烷的制备方法。

❖掌握巯基聚倍半硅氧烷载银催化剂的制备方法。

❖了解催化剂性能的评价方法。

二、实验原理

近年来，功能性聚倍半硅氧烷微球材料因其优异的综合性能和广泛的应用价值，在物理学、化学、材料学、生物医学等领域引起科研工作者极大的兴趣。巯基聚倍半硅氧烷是一类新型杂化材料，其前驱体单体是三乙氧基巯丙基硅烷偶联剂。通过控制条件就能得到含巯基的聚倍半硅氧烷微球材料，其合成路线如下所示。

根据软硬酸碱理论，含巯基的功能材料对贵金属银具有良好的络合能力。因此，通过含巯基的聚倍半硅氧烷微球对银离子进行络合进而还原，有望合成具有良好催化活性的纳米催化剂。

对硝基苯酚是浅黄色结晶，微溶于水，在化工、农药、染料中间体、医药等行业广泛应用，如作为皮革的防腐剂等。随着工业的发展，对硝基苯酚成为废水中典型的有毒、难降解的有机污染物之一。对硝基苯酚的存在对水体、土壤具有严重的危害，同时对人们的日常生活构成了潜在的威胁，因此需要将其脱除或转化。目前对对硝基苯酚的处理方法通常是将其还原成对氨基苯酚，得到的对氨基苯酚是医药、染料等精细化学品的中间体，广泛应用于生产（解热镇痛类）药物、偶氮染料、硫

化染料、酸性染料、毛皮染料等。对硝基苯酚的还原方法有多种，如铁粉还原法、催化氢化还原法、硼氢化钠还原法。其中应用最广泛的是硼氢化钠还原法，硼氢化钠性能稳定，还原时具有选择性，在有机化学中被称作"万能还原剂"，单纯的硼氢化钠的还原性较弱，需要使用高效易得的催化剂，可应用上述含巯基的聚倍半硅氧烷载银微球作为该反应的催化剂。

三、仪器与试剂

（一）仪器

烧杯（500mL）、量筒（100mL）、三颈烧瓶（250mL）、移液管（10mL）、球形冷凝管、烘箱、磁力搅拌器、史莱克管（10mL，6支）、水浴恒温振荡器、扫描电子显微镜、分析天平、恒温水浴锅、红外光谱仪、紫外分光光度计。

（二）试剂

三乙氧基巯丙基硅烷（分析纯）、盐酸（分析纯）、氨水（分析纯）、硝酸银（分析纯）、硼氢化钠（分析纯）、对硝基苯酚（分析纯）。

四、实验内容

（一）巯基聚倍半硅氧烷的制备

将10g三乙氧基巯丙基硅烷和100mL蒸馏水加入三颈烧瓶中，再将0.1mL 5%氨水加入混合体系中，反应5h后，产物置于室温下静置3h，通过5000r/min离心3min得到沉淀，干燥即得到产品。称量，将数据记录在表4-1中。

（二）巯基聚倍半硅氧烷载银催化剂的制备

在氮气保护下，将15mL硝酸银溶液（0.1mol/L）加入含有1g巯基聚倍半硅氧烷的三颈烧瓶中，将反应混合物在25℃条件下搅拌4h，随后加入3g硼氢化钠，继续搅拌反应4h。反应停止，过滤得到产物，并用蒸馏水洗涤3次，真空干燥80℃得到载银催化剂。

（三）巯基聚倍半硅氧烷及其载银催化剂的表征

（1）通过红外光谱仪对巯基聚倍半硅氧烷的结构进行表征，通过和载银催化剂的红外光谱进行比较判断反应是否成功。

（2）通过扫描电镜观察巯基聚倍半硅氧烷和载银催化剂的形貌，观察反应前后巯基聚倍半硅氧烷的形貌变化。

（四）巯基聚倍半硅氧烷及其载银催化剂对对硝基苯酚的还原性能测试

移取 2.3mmol/L 对硝基苯酚溶液 163.25μL、3.5mg/mL 硼氢化钠溶液 391.8μL 和 3.5mL 蒸馏水加入比色皿中，摇匀，用紫外分光光度计进行测定。然后将比色皿中的样品全部倒入史莱克管中，向史莱克管中加入 20mg 巯基聚倍半硅氧烷载银催化剂，置于 25℃、190r/min 的水浴恒温振荡器中反应，每隔 10min 将样品取出，用紫外分光光度计测定其吸光度，测定后将样品取出倒入史莱克管中，让其继续反应，直至两次测量变化不大为止，记录反应时间。

按照上述步骤分别在 15℃ 和 35℃ 的水浴恒温振荡器中进行实验，用紫外分光光度计测定其吸光度和催化性能。

25℃ 下，按照上述步骤对不加催化剂和使用巯基聚倍半硅氧烷微球作为催化剂进行实验，用紫外分光光度计测定其吸光度，对比实验结果，讨论催化剂的作用。

五、数据记录与处理

1. 材料制备记录（表 4-1）

表 4-1　制备数据记录表

三乙氧基巯丙基硅烷质量/g	巯基聚倍半硅氧烷质量/g	产率/%
10g		

2. 表征结果记录（表 4-2）

表 4-2　表征数据记录表

项目	红外特征吸收峰	SEM 形貌描述
巯基聚倍半硅氧烷		
巯基聚倍半硅氧烷载银催化剂		

3. 催化性能测试结果（表4-3）

表4-3 催化性能测试记录表

温度/℃	催化剂用量/mg	反应时间/min	对硝基苯酚转化率/%
15	20		
25	20		
35	20		

4. 催化剂性能（表4-4）

表4-4 催化剂作用记录表（25℃）

催化剂种类/mg	反应时间/min	对硝基苯酚转化率/%
不加催化剂		
巯基聚倍半硅氧烷微球		
巯基聚倍半硅氧烷载银催化剂		

思考题

1. 制备巯基聚倍半硅氧烷的过程中为何要加入5%氨水？
2. 载银催化剂在对硝基苯酚还原中具有哪些优点？

参考文献

［1］周英浩，杨成，张晨，等. 巯基功能化聚倍半硅氧烷微球对银离子的吸附性能［J］. 功能高分子学报，2017，30（2）：202.

［2］Lu X，Yin Q F，Zhong X，et al. Powerful adsorption of silver（I）onto thiol-functionalized polysilsesquioxane microspheres［J］. Chemical Engineering Science，2010，65：6471-6477.

实验三 溶胶—凝胶法制备纳米 TiO_2 及光催化降解甲基橙

一、实验目的

❖通过制备纳米 TiO_2，熟悉溶胶—凝胶法的基本原理。

❖掌握使用溶胶—凝胶法制备纳米 TiO_2 的基本技能。

❖掌握使用分光光度法研究纳米 TiO_2 光催化降解甲基橙的基本原理。

二、实验原理

TiO_2 是一种 n 型半导体材料，晶粒尺寸介于 $1\sim100nm$，其晶型有两种：金红石型和锐钛矿型。由于纳米 TiO_2 比表面积大，表面活动中心多，因而具有独特的表面效应、小尺寸效应、量子尺寸效应和宏观量子隧道效应等，呈现出许多特有的物理和化学性质，在涂料、造纸、陶瓷、化妆品、工业催化剂、抗菌剂、环境保护等行业具有广阔的应用前景。TiO_2 半导体光催化剂因光催化效率高、无毒、稳定性好和适用范围广等优点而成为人们研究的热点。

自 20 世纪 70 年代初 Fujishima 等发现 TiO_2 电极具有在光照的情况下分解水的功能后，有关半导体光催化的研究成为催化技术的一个热点。目前合成纳米 TiO_2 粉体的方法主要有液相法和气相法，而溶胶—凝胶法（Sol—Gel）则可以在低温下制备高纯度、粒径分布均匀、化学活性大的单组分或多组分分子级纳米催化剂。

溶胶—凝胶法（Sol—Gel）是制备纳米粉晶的一种有效途径。有机物前驱体经过水解和缩聚反应而形成溶胶，胶体颗粒的直径大小为 $1\sim100nm$（也有学者主张 $1\sim1000nm$）的分散体系。溶胶是多分散体系，在介质中不溶，有明显的相界面，为疏液胶体。溶胶粒子按一定的机理生成、扩散而形成分散状的聚集体。当溶胶中的液相因温度变化、搅拌作用、化学反应或电化学作用而部分失水时，体系黏度增大，达到一定程度时形成凝胶（Gel）。凝胶经过成型、老化、热处理工艺可得到不同形态的产物。

溶胶—凝胶法制备纳米 TiO_2 常用的前驱体是钛酸四丁酯，其基本原理如下：

$$Ti(OR)_4 + 4H_2O \longrightarrow Ti(OH)_4 + 4ROH \quad (水解)$$

$$Ti(OH)_4 + Ti(OR)_4 \longrightarrow 2TiO_2 + 4ROH \quad (缩聚)$$

$$2Ti(OH)_4 \longrightarrow 2TiO_2 + 4H_2O \quad (缩聚)$$

钛酸四丁酯在酸性条件下，在乙醇介质中的水解反应是分步进行的，一般认为，在含钛离子溶液中钛离子通常与其他离子相互作用形成复杂的网状基团。上述溶胶体系静置一段时间后，由于发生胶凝作用，最后形成稳定凝胶。将所得胶体经一定处理后即可得到 TiO_2 粉末。

三、仪器与试剂

（一）仪器

磁力搅拌器、三颈烧瓶（250mL）、恒压漏斗（50mL）、量筒（10mL、50mL）、烧杯（50mL）、紫外分光光度计、紫外灯、玻璃反应器。

（二）试剂

钛酸四丁酯（分析纯）、无水乙醇（分析纯）、冰醋酸（分析纯）、浓盐酸（分析纯）、蒸馏水、甲基橙（分析纯）。

四、实验内容

（一）纳米 TiO_2 的制备

（1）取 5mL 钛酸四丁酯，缓慢滴入 17.5mL 无水乙醇中，用磁力搅拌器强力搅拌 10min，混合均匀，形成黄色澄清溶液 A，移入恒压漏斗中。

（2）将 2mL 冰醋酸和 5mL 蒸馏水加到另 17.5mL 无水乙醇中，剧烈搅拌，得到溶液 B，滴入 1~2 滴盐酸，调节酸碱度使 pH≤3。

（3）室温水浴下，在剧烈搅拌下将已移入恒压漏斗的溶液 A 缓慢滴入溶液 B 中，滴速约为 1.5mL/min。滴加完毕后得浅黄色溶液，继续搅拌 0.5h 后，40℃ 水浴加热 2h 后得到白色凝胶（倾斜烧瓶凝胶不流动）。

（4）将所得产物置于 80℃ 下烘干，大约 20h 后得黄色晶体，研磨，得到淡黄色粉末。在 400℃ 下热处理 2h，得到 TiO_2 粉体（纯白色）。

（二） 纳米 TiO_2 光催化降解甲基橙

取三份 5mL 浓度为 20mg/L 的甲基橙溶液分别置于玻璃反应器中（图 4-2），分别投入 0、0.125g、0.25g TiO_2 粉末，磁力搅拌下开启紫外灯照射一定时间后，通过紫外分光光度计测定反应液的吸收光谱，根据最大吸收波长 462.5nm 处的吸光度来计算降解率。

图 4-2　玻璃反应器

五、数据记录与处理

测得的吸光度数据记录于表 4-5。

表 4-5　不同实验样品在不同时间的吸光度　　反应前 A_0:＿＿＿＿

催化剂用量	降解时间				
	20min	40min	60min	80min	100min
0 TiO_2					
0.125g TiO_2					
0.25g TiO_2					

降解率按下式计算：

$$降解率 = (A_0 - A)/A_0$$

式中：A_0——降解前原溶液的吸光度；

A——降解后溶液的吸光度。

降解率的计算结果列于表 4-6。

表 4-6　不同实验样品在不同时间的降解率

催化剂用量	降解时间				
	20min	40min	60min	80min	100min
0 TiO_2					
0.125g TiO_2					
0.25g TiO_2					

思考题

1. 为什么所有仪器必须干燥？

2. 加入冰醋酸的作用是什么？

3. 为什么本实验选择钛酸四丁酯 $[Ti(OC_4H_9)_4]$ 为前驱物，而不选用四氯化钛 $TiCl_4$ 为前驱物？

参考文献

[1] 卢帆，陈敏. 溶胶—凝胶法制备粒径可控纳米二氧化钛 [J]. 复旦学报（自然科学版），2010，49（5）：592-597.

[2] 廖东亮，肖新颜，张会平，等. 溶胶—凝胶法制备纳米二氧化钛的工艺研究 [J]. 化学工业与工程，2003（5）：256-260.

实验四 聚苯乙烯-b-聚环氧乙烷嵌段共聚物的制备

一、实验目的

❖掌握原子转移自由基活性聚合的基本原理。

❖设计通过原子转移自由基活性聚合制备嵌段共聚物的实验方法和产物的提纯及表征方法。

二、实验原理

嵌段共聚物是指将两种或两种以上性质不同的聚合物链段连在一起制备而成的一种特殊聚合物，它可以将多种聚合物的优良性质结合在一起，得到性能比较优越的功能聚合物材料。这种聚合物分子量可控、分子量分布较窄、分子结构与组成可设计，是高分子研究领域中极富有意义且具有挑战性的研究工作。嵌段共聚物可以通过多种方法合成，如通过不同均聚物间功能端基的相互反应、活性聚合中控制单体加入顺序、缩合反应、特殊引发剂及机械力等。具有特定结构的嵌段聚合物会表现出与简单线型聚合物以及许多无规共聚物甚至均聚物的混合物不同的性质，可用作热塑弹性体、共混相容剂、界面改性剂等，广泛应用于生物医药、建筑、化工等各个领域，在理论研究和实际应用中都具有重要的意义。

1995 年，王锦山博士首次提出的原子转移自由基聚合（简写 ATRP），由于这种自由基聚合反应具有聚合过程活性可控的优点，能够合成低分散度和确定分子量及分子结构的聚合物，因此引起了世界各国高分子学家的极大兴趣，纷纷开展该领域研究，取得了许多创新性的研究成果，展示了良好的发展前景。典型的 ATRP 以具有共轭稳定基团的卤代化合物（R—X）为引发剂，低价过渡金属化合物和适当的配体为催化剂，通过氧化还原反应，在活性种与休眠种之间建立可逆的动态平衡，使反应体系中自由基浓度维持在一个极低的水平，从而大幅抑制了自由基的链转移及链终止反应，实现了对聚合反应

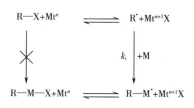

图 4-3　原子转移自由基聚合（ATRP）反应机理示意图

的控制。原子转移自由基聚合的机理如图 4-3 所示，其中，M 为单体，R—X 为引发剂（卤代化合物）；Mt^n 为还原态过渡金属络合物，Mt^{n+1} 为氧化态过渡金属络合物；R—M˙为活性种，R—M—X 为休眠种，k 为速率常数。引发剂 R—X 与 Mt^n 发生氧化还原反应变为初级自由基 R˙，初级自由基 R˙与单体 M 反应生成单体自由基 R—M˙，即活性种，活性种既可继续引发单体进行自由基聚合，也可以从休眠种 R—M—X 上夺取卤原子，自身变成休眠种，从而在休眠种与活性种之间建立一个可逆平衡。

ATRP 的独特之处在于使用了有机卤代物作引发剂，并用过渡金属催化剂或退化转移的方式使链增长，自由基被可逆钝化成休眠种，有效抑制了自由基之间的双基终止反应，其相对分子量可控制在 1000～100000 之间，分散系数为 1.05～1.5。ATRP 集自由基聚合与活性聚合的优点于一体，既可以像自由基那样除氧，进行本体、悬浮、溶液和乳液聚合，又可以像可控聚合那样合成指定结构的聚合物。与传统的活性阴离子聚合及基团转移聚合相比，它具有适用单体覆盖面广、原料易得、聚合条件温和、合成工艺多样、操作简便、易于实现工业化等显著特点。

本实验首先以聚环氧乙烷 PEO-5000 为原料，2-溴异丁酰溴为引发剂，合成大分子引发剂 PEO-Br，继续引发第二单体苯乙烯 PS 进行聚合，制备分子量可控的聚苯乙烯-b-聚环氧乙烷嵌段共聚物（PS_{186}-b-PEO_{117}）（下标表示聚合物的聚合度）。

三、仪器与试剂

（一）仪器

电子天平、圆底烧瓶、恒温水浴锅、磁力搅拌器、注射器、抽滤装置、真空干燥箱、旋转蒸发仪、恒温油浴锅、高速离心机、氩气钢瓶、核磁共振波谱仪、凝胶渗透色谱仪。

（二）试剂

聚环氧乙烷（PEO，分子量 5000）、2-溴异丁酰溴（分析纯）、五甲基二亚乙基三胺（PMDETA，分析纯）、苯乙烯（分析纯）、吡啶（分析纯）、无水乙醚（分析纯）、石油醚（分析纯）、溴化亚铜（分析纯）、中性氧化铝（分析纯）、四氢呋喃（分析纯）。

四、实验内容

（一）大分子引发剂 PEO-Br 的制备

以 PEO-5000 为原料，2-溴异丁酰溴为引发剂，合成大分子的引发剂 $PEO_{117}-Br$。学生自己查阅相关文献，拟定合适的制备路线，计算所需试剂的用量及准备所需仪器。

（二）嵌段共聚物聚苯乙烯-b-聚环氧乙烷的 ATRP 合成

将合成的 $PEO_{117}-Br$ 作为大分子引发剂，进一步引发第二单体苯乙烯制备第二嵌段聚合度为 186 的共聚物 $PS_{186}-b-PEO_{117}$。查阅有关资料，拟定合适的制备路线、反应温度、试剂及仪器。

（三）嵌段共聚物结构及分子量的表征

通过 ^1H NMR 确定产物的结构，确定共聚物中各个峰的归属，并计算合成的共聚物中两嵌段的比例。

通过凝胶渗透色谱仪（GPC）测定均聚物及共聚物的分子量和分子量分布，比较实测分子量与理论分子量的差距。

思考题

1. 原子转移自由基聚合 ATRP 的原理和优缺点各是什么？
2. 查阅资料回答除了 ATRP 方法外还有哪些合成嵌段共聚物的方法？
3. ATRP 方法的引发体系包括哪几个部分？

参考文献

［1］韩素玉，朱学旺，张妍，等．原子转移自由基聚合研究进展［J］．煤炭与化工，2006，29（8）：9-12.

［2］罗婕，义建军，胡杰，等．嵌段共聚物合成方法研究进展［J］．化工新型材料，2010（4）：16-18，25.

［3］罗维．两亲性嵌段共聚物的设计并以其为模板剂合成新型大孔径介孔材料及应用［D］．上海：复旦大学，2013.

实验五 水溶性和油溶性银纳米粒子的制备及其性能表征

一、实验目的

❖ 了解银纳米粒子的性质及应用。

❖ 理解化学还原法制备银纳米粒子的基本原理。

❖ 掌握纳米材料表征的常用方法。

二、实验原理

纳米粒子的介观尺寸在 $1 \sim 100nm$ 之间，因此具有不同于体相材料及单个分子离子体系的一系列独特物理和化学性能。将其组装成二维与三维功能结构，是一种制备具有新型性能的光、磁、电器件的潜在途径，在电子学、光学、信息存储、电极材料和生命科学等领域展现出广阔的应用前景。

纳米粒子的制备方法很多，其中物理方法操作复杂，对仪器设备要求较高。而化学方法因具有简单易行和安全性高等特点而被大量采用，特别是通过水相制备纳米粒子的方法具有很好的重现性，可以通过改变实验条件调控粒子的浓度、形貌以及粒径分布等。

近年来，油溶性金属纳米粒子由于可用作有机反应催化剂、借助 Langmuir - Blodgett（LB）技术形成自组织单层膜等特点而被广泛关注。因为纳米粒子的水相制备技术较为成熟，所以人们通常采用相转移方法把金属纳米粒子从水相中提取到有机相中，从而得到油溶性纳米粒子。

本实验在低温条件下以阴离子表面活性剂油酸钠作为保护剂，用 $NaBH_4$ 还原 $AgNO_3$ 制备银纳米粒子，其实验原理如下：

$$4AgNO_3 + 3NaBH_4 + 4NaOH \longrightarrow 4Ag + 4NaNO_2 + 3NaBO_2 + 2H_2O + 6H_2 \uparrow$$

采用相转移法，通过调节乳化剂浓度、无机盐种类及其浓度，把油酸钠包覆的银纳米粒子从水相转移到异辛烷、环己烷或甲苯等有机溶液中，得到油溶性纳米粒子（图 4-4）。

金属纳米粒子发生电子能级跃迁对应的能量在紫外—可见光范围，一些金属纳米粒子在可见区存在强烈吸收，因而具有鲜艳的颜色。当入射光频率达到电子整体振动的共振频率时，发生局部表面等离子振动（localized surface plasma resonance，LSPR），对应形成吸收光谱。通过研究紫外—可见吸收光谱，可以获取粒子大小、形状、分散度及粒子与周围介质的相互作用等大量信息。当银粒子直径由 2nm 增加到 8nm 时，吸收峰变窄，吸收强度增加；等离子体共振吸收峰的半峰宽与粒子直径成反比。吸收峰的位置及数目还可以反映粒子的形状，球形银纳米粒子在 400nm 左右出现单峰，而椭圆形粒子则存在双峰。对于小粒子（直径小于 3nm），最大吸收波长和峰宽与周围介质有关，当粒子与介质存在强烈的相互作用时，吸收峰蓝移（波长小）且变宽；当相互作用力较弱时，吸收峰红移（波长大），峰略宽。在透射电子显微镜实验中，可以检测纳米粒子的大小、形状、粒子数目、分散性等性质。

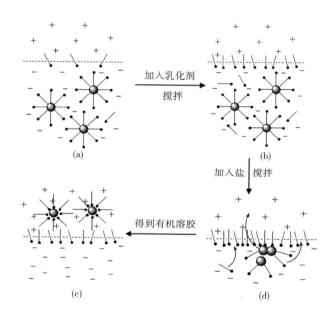

图 4-4　银纳米粒子从水相向有机相转移的示意图

三、仪器与试剂

（一）仪器

透射电子显微镜、紫外—可见分光光度计、电子天平、机械搅拌器、超声波清洗器、磁力搅拌器、离心机、烘箱、棕色酸式滴定管、三颈烧瓶、表面皿、具塞磨口三角瓶、培养皿、移液管、烧杯、容量瓶、铁架台、石英比色皿、玻璃棒。

（二）试剂

硝酸银（分析纯）、硼氢化钠（分析纯）、油酸（分析纯）、油酸钠（分析纯）、环己烷（分析纯）、二水合磷酸二氢钠（分析纯）、氯化钠（分析纯）、氯化钾（分析纯）、六水合氯化镁（分析纯）、氯化铝（分析纯）、蒸馏水。

四、实验内容

（一）水溶性银纳米粒子的制备

配制 500mL 1×10^{-3} mol/L 油酸钠溶液，采用磁力搅拌器搅拌 $15 \sim 30$ min，在 4℃ 保存待用。分别配制 2×10^{-3} mol/L $AgNO_3$ 和 1.6×10^{-2} mol/L $NaBH_4$ 溶液各 50mL。将等体积的油酸钠溶液 25mL 和 $NaBH_4$ 水溶液 25mL 混合，制备 50mL 的 8×10^{-3} mol/L $NaBH_4$ 水溶液（含 5×10^{-4} mol/L 油酸钠：低于油酸钠的临界胶束浓度）。

在剧烈机械搅拌下于冰水浴中将 25mL 2×10^{-3} mol/L $AgNO_3$ 溶液滴加到 25mL 油酸钠（5×10^{-4} mol/L）和 $NaBH_4$（8×10^{-3} mol/L）的混合溶液中，滴加时间控制在 30min 之内。随着 $AgNO_3$ 的加入，还原剂水溶液的颜色逐渐由无色变为浅黄色，最后变为棕黄色，即得到银纳米粒子水溶胶。滴加结束后，保持体系在冰水浴中继续搅拌 $3 \sim 5$ h，放置。

并行实验（选做）：

（1）按照前述实验方法，改变反应温度为室温，制备银纳米粒子水溶胶一份，考察反应温度对制备纳米粒子的影响。

（2）按照前述实验方法，保持油酸钠溶液浓度不变，将 $AgNO_3$ 和 $NaBH_4$ 的浓度分别提高 5 倍，制备银纳米粒子水溶胶一份，考察反应物浓度对制备纳米粒子的影响。

（二）油溶性银纳米粒子的制备

将分析纯油酸钠配成 1.25×10^{-3} mol/L 溶液。然后将 10mL 纳米粒子水溶胶和有机溶剂（环己烷）按照体积比 1∶1 混合，并加入一定体积（$6 \sim 10$ mL）新制的油酸钠溶液，剧烈搅拌 1h，形成乳化体系。再向体系中加入 4g 左右的相转移催化剂（$NaH_2PO_4 \cdot 2H_2O$/NaCl/KCl/$MgCl_2 \cdot 6H_2O$/$AlCl_3$）来诱导纳米粒子进行相转移。继续搅拌 $2 \sim 3$ h，混合物自发地分层，上层为金黄色油溶性纳米粒子，下层为无色水溶液。用分液漏斗分离出有机溶胶，并保存在具塞磨口三角瓶中，室温放置。

（三） 测定紫外—可见吸收光谱

将所制备的纳米粒子用相应的溶剂定量稀释，然后用紫外—可见分光光度计表征其紫外特征吸收。

（四） 粒子形貌表征

用透射电子显微镜表征所制备的纳米粒子的粒径大小及分布情况。

五、数据记录与处理

（1） 由紫外—可见吸收光谱讨论制得粒子的形状、分散性，并与其他组采用不同相转移催化剂的实验结果进行比较、讨论。

（2） 采用透射电子显微镜观察水溶性和油溶性银纳米粒子的形貌，与其他组实验结果进行比较，说明不同合成条件下产物的形貌有何变化。在电镜照片上统计超过 100 个纳米粒子的粒径，在 Origin 软件中做出直方图。

（3） 将实验过程和结果完整记录下来，并进行分析。

思考题

1. 试述银纳米粒子各种制备方法的优缺点。

2. 根据实验结果，讨论不同温度、不同浓度等实验条件对产品形貌的影响及原因。

参考文献

［1］ 陈延明，韩娇. 水相中银纳米粒子的制备及动力学行为研究［J］. 材料导报，2012，26（z1）：69-71，88.

［2］ 孙磊，张治军，党鸿辛，等. 油溶性 Ag 纳米微粒的制备及表征［J］. 化学物理学报，2004，17（5）：618-622.

［3］ 李德刚，陈慎豪，赵世勇，等. 相转移方法制备银纳米粒子单层膜［J］. 化学学报，2002，60（3）：408-412.

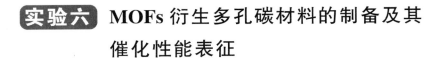

实验六 MOFs 衍生多孔碳材料的制备及其催化性能表征

一、实验目的

❖ 掌握 MOFs 衍生多孔碳材料的制备方法。

❖ 掌握 XRD、SEM 等测试技术和数据处理方法。

❖ 了解异相催化反应的影响因素。

二、实验原理

芳香族硝基化合物还原制取芳胺是一种重要的有机合成反应，是制备芳胺的重要方法，将有毒有害的芳香族硝基化合物催化还原成相应的胺类化合物是实现污染物资源化利用的有效途径。常用的方法包括电化学还原法、铁粉还原法、硫化碱还原法、金属氢化物还原法和催化氢化法等。以水合肼作为氢源还原芳香族硝基化合物时，只产生无害的氮气和水，反应条件温和、产率高。随着人们环保意识的不断提高，水合肼还原法由于后处理步骤简便、反应设备简单易得、环境友好等特点受到广泛关注。

关于催化硝基苯加氢可能的反应机理如图 4-5 所示，直接路线是硝基苯先被还原为亚硝基苯，接着加氢形成不稳定的羟胺，最后脱氧得到胺；间接路线是亚硝基和羟胺缩合形成氧化偶氮苯中间体，随后经过偶氮苯的加氢和裂解得到苯胺。

以多孔 Cu-MOF 作为前驱体，通过高温煅烧制成氮掺杂多孔碳（NPC）负载的 Cu NPs 复合材料 Cu@ NPC，该复合材料具有独特的表面性质、高分散的活性中心、较低的成本、良好的稳定性和较高的孔隙率等优势，同时具有丰富的底物吸附位点和催化中心，可用作芳香硝基化合物还原反应的新型催化剂（图 4-6）。

三、仪器与试剂

（一）仪器

管式炉、离心机、分析天平、反应釜、X 射线粉末衍射仪（XRD）、扫描电子显微镜（SEM）、高效液相色谱仪、烘箱、圆底烧瓶、球形冷凝管。

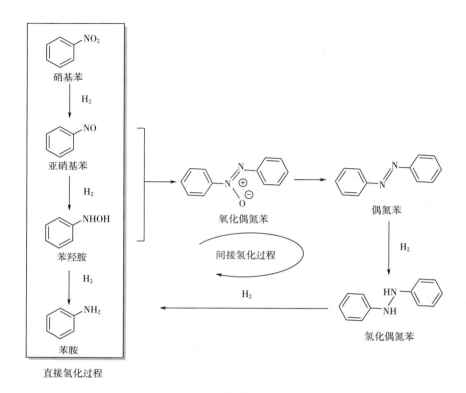

图 4-5 硝基苯加氢还原机理

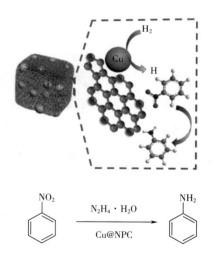

图 4-6 Cu@NPC 催化硝基苯还原反应的示意图

（二）试剂

三氟甲磺酸铜（分析纯）、5-氨基间苯二甲酸（分析纯）、甲醇（分析纯）、乙醇（分析纯）、N,N-二甲基甲酰胺（DMF，分析纯）、水合肼（分析纯）、硝基苯（分析纯）、苯胺（分析纯）。

四、实验内容

（一）材料的制备

Cu-MOF 晶体样品的制备方法参照实验案例"多孔金属—有机配合物材料的制备与表征"的步骤，也可将制备得到的 Cu-MOF 产物直接作为本实验的原料。收集得到的晶体样品用 10mL 的 DMF 和甲醇各洗涤三遍后，抽真空干燥 1h。称取 50mg Cu-MOF 于磁舟并置于管式炉中，通入氩气，以 5℃/min 的升温速度加热到 500℃ 并煅烧 2h，后以 5℃/min 的速度冷却至室温，得到黑色粉末，标记为 Cu@NPC。

（二）材料的表征

1. 形貌表征

对热解前后的样品进行 SEM 形貌表征。为了提高测试样品的导电性，进行 SEM 测试前需要对样品进行预处理，即用离子溅射仪将金属纳米颗粒均匀地溅射到样品上。利用 SEM 测量多孔碳材料负载的金属纳米颗粒的尺寸（图 4-7）。

(a)热解前　　　　　　　　(b)热解后

图 4-7　热解前后样品的形貌比较

2. 组成表征

通过 XRD 测试热解前后样品的衍射图谱，对比其图谱变化，再结合 PDF 标准卡片（JCPDS card 04-0836 和 JCPDS card 05-0667）判断热解后材料的组分。

（三）催化反应

称取 5.0mg 催化剂于圆底烧瓶中，加入 5mL 无水乙醇，超声分散 5min 后加入 0.5mmol 硝基苯、10mL 水合肼，在 95℃ 回流反应 2h，冷却至室温。采用高效液相色谱法对反应液进行分析，使用面积归一化法计算反应转化率。

高效液相色谱的分析条件为：流动相为 60% 甲醇和 40% 水，检测波长为 254nm，柱温为 40℃，流速为 0.6mL/min，进样量为 20μL。（注：苯胺的保留时间约为 6.6min，硝基苯保留时间约为 12.4min）

五、数据记录与处理

实验数据记录于表 4-7。

表 4-7 实验数据记录表

样品名称	材料组成（PXRD）	纳米颗粒平均尺寸（SEM）	反应转化率/%	反应前后颜色的变化
热解前 Cu-MOF				
热解后 Cu@ NPC				

思考题

1. 查阅文献，分析 MOFs 衍生碳材料形貌、尺寸的影响因素有哪些？
2. 根据实验结果，分析热解前后材料的组分发生变化的原因。
3. 分析影响硝基苯催化加氢反应转化率的因素。

参考文献

[1] XU W Q，HE S，LIN C C，et al. MOF-derived Cu$_2$O/Cu NPs on N-doped porous carbon as a multifunctional sensor for mercury（Ⅱ）and glucose with wide detection range [J]. Chinese Journal of Structure Chemistry, 2020, 39: 1522-1533.

[2] KRISHNA R, FEMANDES D M, VENTURA J, et al. Novel synthesis of highly cat-

alytic active Cu@ Ni/RGO nanocomposite for efficient hydrogenation of 4-nitrophenol organic pollutant，International Journal of Hydrogen Energy，2016，41，27：11608-11615.

［3］谢浩源，肖伟英，唐舒如，等. 多孔碳包覆铜纳米颗粒的制备及性能表征——推荐一个化学综合实验［J］. 大学化学，2023，38：2：227-232.

实验七 微乳液法调控纳米 Cu-MOF 形貌

一、实验目的

❖ 掌握微乳液法制备纳米 Cu-MOF 的原理和操作。
❖ 熟悉扫描电镜的基本操作，掌握纳米材料形貌的表征方法。

二、实验原理

微乳液是指两种或两种以上互不相溶的液体经过混合乳化后，分散液滴的直径在 5~100nm 之间，通常是由憎水的有机溶剂、水、表面活性剂、助表面活性剂和电解质等组成的透明或半透明的液状稳定体系。本实验是通过加入环己烷作为憎水的有机溶剂，并采用超声辅助加热合成方法来使亲水的反应体系（DMF/MeOH）形成乳液状态，环己烷包裹反应物溶液形成无数多个单一的小反应体系。通过调节溶剂、温度和反应时间来调控 Cu-MOF 的尺寸和形貌。

三、仪器与试剂

（一）仪器

扫描电子显微镜、离子溅射仪、分析天平、离心机、超声波清洗仪。

（二）试剂

5-氨基间苯二甲酸（分析纯）、三氟甲磺酸铜 $[Cu(OTf)_2$，分析纯]、N,N'-二甲基甲酰胺（DMF，分析纯）、无水甲醇（分析纯）、环己烷（分析纯）。

四、实验内容

（一）材料的制备

纳米 Cu-MOF 的合成方法如下：将 0.0360g（0.2mmol）5-氨基间苯二甲酸溶

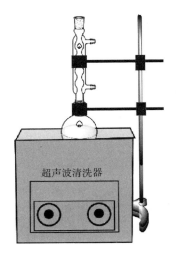

图 4-8　微乳液法的反应装置

于 3mL DMF 中，得到配体溶液；将 0.0720g（0.2mmol） Cu（OTf）$_2$ 溶于 3mL 甲醇。将配体溶液、三氟甲磺酸铜盐溶液以及一定量的环己烷溶液加入 50mL 的圆底烧瓶中，如图 4-8 所示，在设定温度下超声、回流一定时间后，制备得到蓝绿色的 Cu-MOF 粉末，离心分离后分别用 DMF 和甲醇洗涤三遍。本实验将从环己烷用量、反应温度、反应时间等探究反应条件对所得纳米 Cu-MOF 形貌和尺寸的影响。

（二）形貌表征

测试前，样品必须经过离子溅射喷金处理，有利于更好地观察形貌。通过扫描电子显微镜观察并记录纳米 Cu-MOF 样品的形貌，将所得结果记录于表 4-8 中。

五、数据记录与处理

实验结果记录于表 4-8。

表 4-8　实验条件调控 Cu-MOF 形貌记录

温度/℃	时间/min	环己烷/mL	形貌描述	尺寸
75	10	10		
75	15	10		
75	20	10		
75	25	10		
75	30	10		
35	10	10		
45	10	10		
55	10	10		
65	10	10		
75	10	10		
75	10	12		
75	10	14		
75	10	16		
75	10	18		

思考题

1. 通过查阅文献，举例说明形貌对纳米材料性能的影响。
2. 通过实验数据，分析调控纳米 Cu-MOF 形貌的因素有哪些？

参考资料

纳米 Cu-MOF 形貌参考表 4-9。

表 4-9　纳米 Cu-MOF 形貌参考图

温度/℃	时间/min	环己烷/mL	形貌	尺寸	SEM
75	10	0	棱形片状	微米	
75	10	10	三角形片状	纳米	
75	10	16	一维棒状	纳米	
35	10	10	类绣球花状	纳米	
65	10	10	截面多面体	纳米	

参考文献

刘银怡，苏紫珊，陈碧娴．微乳液法调控纳米 Cu-MOF 形貌的实验教学案例［J］．大学化学，2022，37（7）：2110071．

实验八 聚丙烯塑料的成型及力学性能测定

一、实验目的

❖ 掌握挤出、注塑、吹瓶等成型工艺的基本原理。

❖ 熟练操作挤出机、注塑机、吹瓶机、万能试验机等大型设备。

❖ 了解影响聚乙烯成型效果的因素。

二、实验原理

聚丙烯（PP）是丙烯经聚合制得的一种热塑性树脂，其熔点为189℃。聚丙烯无臭，无毒，手感似蜡，具有优良的耐低温性能（最低使用温度可达−30℃），化学稳定性好，能耐大多数酸碱的侵蚀（不耐具有氧化性质的酸）。常温下不溶于一般溶剂，吸水性小，电绝缘性优良。

挤出在塑料加工中又称挤出成型或挤塑，在橡胶加工中又称压出。这个过程是指物料通过挤出机料筒和螺杆间的作用，边受热塑化，边被螺杆向前推送，连续通过机头而制成各种截面制品或半制品的一种加工方法。主体是挤出机和机头，此外还有供料、定型、冷却、牵引、切割和卷取等辅助设备。在橡胶加工时还包括硫化装置等。在实际生产中主体和辅助设备往往连成一个机组使用。挤出机按螺杆数量可分为单螺杆挤出机和双螺杆挤出机。

注塑是一种工业产品生产造型的方法。产品通常使用橡胶注塑和塑料注塑。注塑还可分注塑成型模压法和压铸法。注射成型机（简称注射机或注塑机）是将热塑性塑料或热固性料利用塑料成型模具制成各种形状的塑料制品的主要成型设备，注射成型是通过注塑机和模具来实现的。

吹瓶机（blow molding machine）是指吹瓶子的机器，比较浅显的解释就是能将塑料颗粒（软化成液体）或做好的瓶坯通过一定的工艺手段吹成瓶子的机器。吹瓶机方便快捷，成型量大，出现之后取代了大部分人工吹瓶，被大部分饮料企业所采用。吹瓶工艺包括预热和吹瓶成型两个过程。

万能试验机是能进行拉伸、压缩、弯曲以及扭转等多种不同试验的力学试验机。常见的有杠杆摆式和油压摆式两种。拉伸试验是指在承受轴向拉伸载荷下测定材料特性的试验方法。利用拉伸试验得到的数据可以确定材料的弹性极限、伸长率、弹性模量、比例极限、面积缩减量、拉伸强度、屈服点、屈服强度和其他拉伸性能指标。三点弯曲试验是将截面为矩形或圆形的试样放在弯曲装置上，调整跨距，在试样上加载进行弯曲试验，直到达到规定的弯曲程度或发生断裂（图4-9）。

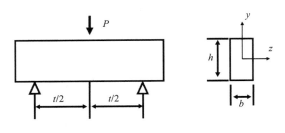

图 4-9 三点弯曲试验模型

如图4-10所示，两个支点的跨距为 l，上面受一个集中载荷 P 的作用，截面宽度为 b，高度为 h。在三点弯曲试验中，可以看作一简支梁受一集中力作用。当形变较小时，为了简化分析，近似把传感器位移当成试样的挠度 f。由此试验所获得的数据可以看成是不同载荷 P 作用下试样跨度中点的挠度。

三点弯曲梁在加载时，中性层以上纤维受压、以下纤维受拉，理论上横截面上正应力沿梁高呈线性分布，即 $\sigma = \dfrac{M_y}{I_z}$，其中为横截面对形心轴 Z 轴的惯性矩，为截面计算点的轴坐标，为弯矩。梁危险点的最大正应力为 $\sigma_{max} = \dfrac{M_{max}}{I_z}$。

对于矩形截面试样：

$$M = \frac{P \times l}{4}, \quad I_z = \frac{bh^3}{12}$$

故抗弯强度计算式为：

$$\sigma_{bb} = \frac{3P \times l}{2bh^2}$$

冲击试验机（impact testing machine）是指对试样施加冲击试验力，进行冲击试验的材料试验机。摆锤式冲击试验机是冲击试验机的一种，用于测定材料在动负荷下抵抗冲击的性能，从而判断材料在动负荷作用下的质量状况的检测设备。

标准的冲击试样为带有 V 形缺口的长方体，缺口对称面垂直于试样轴线，如图4-10所示，缺口根部应无影响吸收能的痕迹。

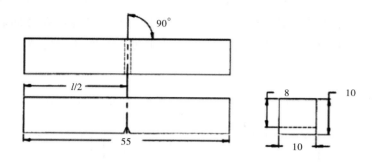

图 4-10　冲击试样模型（单位：mm）

三、仪器与试剂

（一）仪器

SJZS-10B 微型锥形双螺杆挤出机、SZS-15 微型注塑机、SFS-120 风冷输送机、实验室微型切粒机、简支梁冲击试验机、悬臂梁冲击试验机、万能材料试验机。

（二）试剂

聚丙烯塑料（PP）、塑料色母粒（亮红色 9205）

四、实验内容

（一）样条的制备

1. 挤出

插上挤出机和水泵电源（水泵先浸在桶里，插上电源自动工作）→打开挤出机总空气开关→启动急停按钮（此时温度仪表面板将打开）→转阀打至关，左右温控旋钮打至左→设置各区温度（1 区 150℃、2 区 160℃、3 区 175℃、机头 1 区 175℃，机头 2 区 175℃，设置温度通过使用"←"键调整个十百位、"↑↓"键加减、最后按 set 键确认）→待温度达到设定温度后，用六角扳手检查机器最左边和右上方的螺母是否拧紧→按下启动按钮（此时主机、加料器 1、加料器 2 的转速仪表盘亮）→按下主机变频器手动按钮，调整主机转速至 40r/min（左下角为手动按钮、通过旋转阀调转速）→按下加料器 1 手动按钮，调整加料器 1 转速至 30r/min（左下角为手动按钮、通过旋转阀调转速，此时可见料筒1搅拌器开始旋转）→开始加料（直接将PE倒入料筒1）→几分钟后左出口有凝胶状物料流出→按下停止按钮（防止左出口物流持续流出损失，取料时再打开即可）。挤出机的操作见"五　实验设备"（图4-11）。

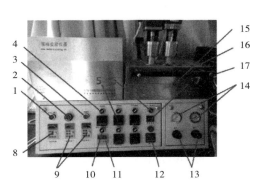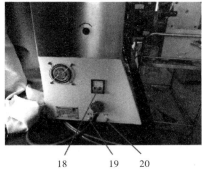

图4-11　挤出机控制单元及名称

1—启动/停止按钮　2—急停　3—温度检测按钮　4—温控旋钮　5—温控表　6—左/右出口旋钮

7—电流表　8—主机变频器　9—加料变频器　10—循环/挤出　11—循环时间　12—压力表

13—压力调节旋钮　14—气压表　15—左出口　16—转阀开关　17—右出口

18—空气开关　19—氮气接口　20—空气接口

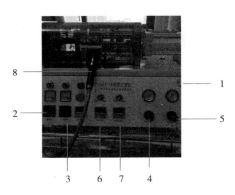

图4-12　注塑机控制单元及名称

1—三个空气开关　2—模具温度调节窗口

3—注塑温度调节窗口　4—注射压力1调节阀

5—注射压力2调节阀　6—注射时间1调节窗口

7—注射时间2调节窗口　8—手持尖嘴料筒

9—手动/自动旋钮　10—蓝色盖子

2. 注塑

插上注塑机电源→打开右边三个开关→设置注塑温度185℃，模具温度50℃→插上空压机电源，并与注塑机右上方用导管连通→拔起空压机红色按钮启动，并通过转阀调整进气量（转阀与竖直方向成45°角即可）→同时调整注塑机右上方压力为>0.7，注射压力1为0.7MPa，注射压力2为0.4MPa（黑色大旋钮拔起来旋转即可调节，调节完按下去）→调节注射时间1为2s，注射时间2为15s→使用手持尖嘴料筒去挤出机左出口取料（取料时按下挤出机启动按钮，取料结束按下停止按钮，装1半左右）→手持尖嘴料筒安放回注塑机后，推至左边→手动/自动旋钮打到自动→盖上蓝色盖子，将自动完成注塑1→注塑结束后，打开蓝色盖子，手动/自动旋钮打到手动，用工具钳取样→手动/自动旋钮打到自动→盖上蓝色盖子，将自动完成注塑2……依此类推。注塑机如图4-12所示。

（二）拉伸性能的测试

本实验在万能试验机上完成。拉伸试验如图4-13所示。

步骤一：按设备图所示装好模具，上卡位尺固定 max 值。

步骤二：开启计算机，万能试验机空气开关旋至"1"，并打开软件"TW Elite"。

步骤三：按下手柄上的"解锁按钮"键解锁，通过"↑↓"调整上模具至合适位置。

步骤四：按设备图所示装载好样品，夹具夹住哑铃部位的3/4。

步骤五：用仪器配套标尺量出标距50mm，用标距夹夹住样品。

步骤六：依次点击"文件"→"新建"→"从模板创建试验"→"收藏夹"

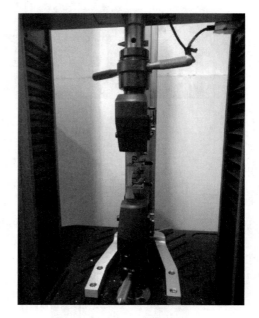

图4-13　拉伸试样安装示意图

→"拉伸性能大变形"→打开"设置标距50mm、厚度4mm、宽度10mm、拉伸速度50mm/min"→点击左下角"力清零"→"点击2下蓝色自锁箭头"→"点击绿色三角形开始测试"→"确定"→"确定"→"是，返回至零"→"创建样品运行试验报告弹出 Excel"→"文件"→"打印"→"打印"→"指定路径和文件名.pdf& 保存"→"换下一个样品，从步骤三开始循环"。

（三）弯曲性能的测试

本实验在万能试验机上完成。弯曲试样安装示意图如图4-14所示。

步骤一：按设备图所示装好模具及样品，下卡位尺固定20cm，跨度固定64mm。

步骤二：开启计算机，万能试验机空气开关旋至"1"，并打开软件"TW Elite"。

图 4-14　三点弯曲试样安装示意图

步骤三：按下手柄上的"解锁按钮"键解锁，通过"↑↓"调整上模具下端至离样品 0.5mm。

步骤四：依次点击"文件"→"新建"→"从模板创建试验"→"收藏夹"→"GB/T 9341—2008 塑料弯曲（三点弯曲）"→打开"设置跨度 64mm、厚度 4mm、宽度 10mm、规定挠度 15mm、速度 2mm/min、长度 78mm"→"左下角力清零"→"点击 2 下蓝色自锁箭头"→"点击绿色三角测试"→"确定"→"确定"→"是，返回至零"→"创建样品运行试验报告弹出 Excel"→"文件"→"打印"→"打印"→"指定路径和文件名 .pdf & 保存"→"换下一个样品，从步骤三开始循环"。

（四）选做实验：吹瓶实验

插上挤出机和水泵电源（水泵先浸在桶里，插上电源自动工作）→打开挤出机总空气开关→启动急停按钮（此时温度仪表面板将打开）→转阀打至开，左右温控旋钮打至右→设置各区温度（1 区 150℃、2 区 160℃、3 区 175℃、机头 1 区 175℃，机头 2 区 175℃，设置温度通过使用"←"键调整个十百位、"↑↓"键加减、最后按 set 键确认）→启动吹瓶机急停按钮→将机头区旋钮打至右（此时机头区温控面板开）→设置机头区温度 175℃（设置温度通过使用"←"键调整个十百位、"↑↓"键加减、最后按 set 键确认）→调整吹瓶机气压 0.3MPa（空压机连在注塑机上，通过注塑机上进气旋钮和吹瓶机旋钮调节）→待温度达到设定温度吹瓶机手动/自动旋钮打至手动（关机状态下需位于手动以免出现安全事故）→通过旋钮检查左右合模和吹气开关是否正常→无异常后用六角扳手检查挤出机最左边和右上方的螺母是否拧紧→按下挤出机启动按钮（此时主机、加料器 1、加料器 2 的转速仪表盘亮）→按下主机变频器手动按钮，调整主机转速至 40r/min（左下角为手动按钮、通过旋转阀调转速）→按下加料器 1 手动按钮，调整加料器 1 转速至 30（左下角为手动按钮、通过旋转阀调转速、此时可见料筒 1 搅拌器开始旋转）→开始加料（直接将 PE 倒入料筒 1）→几分钟后右出口有凝胶状物料流出→左右合模打至右、吹气开关打至左、设置合模时间 25s、吹气时间 1s→吹瓶机手动/自动旋钮打至自动（开始自动流水线式吹瓶）→利用合模空隙从模具下端用剪刀及时剪断物料（两个模具同时工作）。挤出机和吹瓶机如图 4-11 和图 4-15 所示。

图 4-15　吹瓶机控制单元及名称

1—自动/手动旋钮　2—左/右合模　3—吹气开关　4—吹气时间　5—合模时间　6—机头温控表
7—温控开关　8—气压调节阀　9—气压表　10—急停　11—机头区　12—左/右管坯机头　13—左/右瓶模具

（五）冲击实验

本实验在简支梁冲击试验机上完成。冲击试验机结构如图 4-16 所示。

步骤一：按下试验机右侧的电源按钮，等待仪表盘常亮。

步骤二：将摆锤上升至最大高度，并拨动摇杆锁紧。

步骤三：将带 V 形缺口的 78mm×10mm×4mm 的聚乙烯标准试样紧贴试验机底座（V 形缺口背对摆锤一侧），试样缺口对称面偏离两底座间的中点应不大于 0.5mm。

步骤四：点击仪表盘上 F2 键进入试验模式，点击 F4 键进行清零。

步骤五：拨动摇杆，使摆锤自由落下，刃口冲击 V 形缺口使试样断裂，读取仪表盘上的冲击功数据并记录。

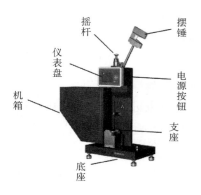

图 4-16　简支梁冲击试验机

五、数据记录与处理

实验数据记录于表 4-10。

表 4-10 实验数据记录表

拉伸强度/MPa	断面延伸率/%	弯曲强度/MPa	冲击试验功/J

参考文献

［1］许伟钦，刘小慧，曹曼丽，等．挤出造粒、注塑成型及力学表征的微型实验探索［J］．广东第二师范学院学报，2020，40（3）：69-74.

［2］全国塑料标准化技术委员会（SAC/TC 15）．GB/T 9341—2008 塑料弯曲性能的测定［S］．北京：中国标准出版社，2009.

［3］全国塑料标准化技术委员会（SAC/TC 15）．GB/T 1040—1992 塑料拉伸性能试验法［S］．北京：中国标准出版社，1993.

［4］全国塑料标准化技术委员会（SAC/TC 15）．GB/T 1843—2008 悬臂梁冲击强度的测定［S］．北京：中国标准出版社，2009.

附 录

附录一 国际标准原子量表

原子序数	元素符号	元素名称	原子量
1	H	hydrogen	1. 008
2	He	helium	4. 002602（2）
3	Li	lithium	6. 94
4	Be	beryllium	9. 0121831（5）
5	B	boron	10. 81
6	C	carbon	12. 011
7	N	nitrogen	14. 007
8	O	oxygen	15. 999
9	F	fluorine	18. 998403163（6）
10	Ne	neon	20. 1797（6）
11	Na	sodium	22. 98976928（2）
12	Mg	magnesium	24. 305
13	Al	aluminium	26. 9815385（7）
14	Si	silicon	28. 085
15	P	phosphorus	30. 973761998（5）
16	S	sulfur	32. 06
17	Cl	chlorine	35. 45
18	Ar	argon	39. 948（1）
19	K	potassium	39. 0983（1）
20	Ca	calcium	40. 078（4）
21	Sc	scandium	44. 955908（5）
22	Ti	titanium	47. 867（1）
23	V	vanadium	50. 9415（1）

续表

原子序数	元素符号	元素名称	原子量
24	Cr	chromium	51.9961 (6)
25	Mn	manganese	54.938044 (3)
26	Fe	iron	55.845 (2)
27	Co	cobalt	58.933194 (4)
28	Ni	nickel	58.6934 (4)
29	Cu	copper	63.546 (3)
30	Zn	zinc	65.38 (2)
31	Ga	gallium	69.723 (1)
32	Ge	germanium	72.630 (8)
33	As	arsenic	74.921595 (6)
34	Se	selenium	78.971 (8)
35	Br	bromine	79.904
36	Kr	krypton	83.798 (2)
37	Rb	rubidium	85.4678 (3)
38	Sr	strontium	87.62 (1)
39	Y	yttrium	88.90584 (2)
40	Zr	zirconium	91.224 (2)
41	Nb	niobium	92.90637 (2)
42	Mo	molybdenum	95.95 (1)
43	Tc	technetium	[97]
44	Ru	ruthenium	101.07 (2)
45	Rh	rhodium	102.90550 (2)
46	Pd	palladium	106.42 (1)
47	Ag	silver	107.8682 (2)
48	Cd	cadmium	112.414 (4)
49	In	indium	114.818 (1)
50	Sn	tin	118.710 (7)
51	Sb	antimony	121.760 (1)
52	Te	tellurium	127.60 (3)
53	I	iodine	126.90447 (3)
54	Xe	xenon	131.293 (6)
55	Cs	caesium	132.90545196 (6)
56	Ba	barium	137.327 (7)

原子序数	元素符号	元素名称	原子量
57	La	lanthanum	138.90547（7）
58	Ce	cerium	140.116（1）
59	Pr	praseodymium	140.90766（2）
60	Nd	neodymium	144.242（3）
61	Pm	promethium	［145］
62	Sm	samarium	150.36（2）
63	Eu	europium	151.964（1）
64	Gd	gadolinium	157.25（3）
65	Tb	terbium	158.92535（2）
66	Dy	dysprosium	162.500（1）
67	Ho	holmium	164.93033（2）
68	Er	erbium	167.259（3）
69	Tm	thulium	168.93422（2）
70	Yb	ytterbium	173.045（5）
71	Lu	lutetium	174.9668（1）
72	Hf	hafnium	178.49（2）
73	Ta	tantalum	180.94788（2）
74	W	tungsten	183.84（1）
75	Re	rhenium	186.207（1）
76	Os	osmium	190.23（3）
77	Ir	iridium	192.217（3）
78	Pt	platinum	195.084（9）
79	Au	gold	196.966569（5）
80	Hg	mercury	200.592（3）
81	Tl	thallium	204.38
82	Pb	lead	207.2（1）
83	Bi	bismuth	208.98040（1）
84	Po	polonium	［209］
85	At	astatine	［210］
86	Rn	radon	［222］
87	Fr	francium	［223］
88	Ra	radium	［226］
89	Ac	actinium	［227］

原子序数	元素符号	元素名称	原子量
90	Th	thorium	232.0377（4）
91	Pa	protactinium	231.03588（2）
92	U	uranium	238.02891（3）
93	Np	neptunium	[237]
94	Pu	plutonium	[244]
95	Am	americium	[243]
96	Cm	curium	[247]
97	Bk	berkelium	[247]
98	Cf	californium	[251]
99	Es	einsteinium	[252]
100	Fm	fermium	[257]
101	Md	mendelevium	[258]
102	No	nobelium	[259]
103	Lr	lawrencium	[262]
104	Rf	rutherfordium	[267]
105	Db	dubnium	[270]
106	Sg	seaborgium	[271]
107	Bh	bohrium	[270]
108	Hs	hassium	[277]
109	Mt	meitnerium	[276]
110	Ds	darmstadtium	[281]
111	Rg	roentgenium	[282]
112	Cn	copernicium	[285]
113	Uut	ununtrium	[285]
114	Fl	flerovium	[289]
115	Uup	ununpentium	[289]
116	Lv	livermorium	[293]
117	Uus	ununseptium	[294]
118	Uuo	ununoctium	[294]

附录二 基本物理常数

物理量	符号	数值		单位
		计算用值	最佳值	
真空中的光速	c	3.0×10^8	299792458	m/s
真空磁导率	μ_0	$4\pi \times 10^{-7}$	$4\pi \times 10^{-7}$ $1.2566370614 \times 10^{-6}$	N/A^2
真空电容率	ε_0	8.85×10^{-12}	$8.854187817 \times 10^{-12}$	F/m
万有引力常量	G	6.67×10^{-11}	6.67259×10^{-11}	$N \cdot m^2/kg^2$
普朗克常量	h	6.63×10^{-34}	$6.62607015 \times 10^{-34}$	$J \cdot s$
法拉第常数	F	96500	96485.33	C/mol
阿伏伽德罗常量	N_A	6.022×10^{23}	$6.02214076 \times 10^{23}$	1/mol
摩尔气体常量	R	8.314	8.314472	$J/(mol \cdot K)$
玻尔兹曼常量	k_B	1.38×10^{-23}	1.380649×10^{-23}	J/K
里德伯常量	R_∞	1.097×10^7	$1.0973731568527 \times 10^7$	1/m
理想气体摩尔体积 ($T = 273.15K$, $p = 101325Pa$)	V_m	22.4×10^{-3}	22.41410×10^{-3}	m^3/mol
基本电荷	e	1.60×10^{-19}	$1.602176634 \times 10^{-19}$	C
电子质量	m_e	9.11×10^{-31}	$9.10938215 \times 10^{-31}$	kg
质子质量	m_p	1.67×10^{-27}	$1.672621637 \times 10^{-27}$	kg
中子质量	m_n	1.67×10^{-27}	$1.674927211 \times 10^{-27}$	kg
原子质量单位	u	1.66×10^{-27}	$1.66053886 \times 10^{-27}$	kg
电子荷质比	$-e/m_e$	1.76×10^{11}	1.758802×10^{11}	C/kg
玻尔半径	a_0	5.29×10^{-11}	$5.2917721067 \times 10^{-11}$	m
玻尔磁子	μ_B	9.27×10^{-24}	$9.27400949 \times 10^{-24}$	J/T
电子磁矩	μ_e	9.28×10^{-24}	$9.2847701 (31) \times 10^{-24}$	J/T
电子康普顿波长	λ_C	2.43×10^{-12}	$2.4263102367 \times 10^{-12}$	m
磁通量量子	Φ	2.07×10^{-15}	$2.067833758 \times 10^{-15}$	Wb
核磁子	μ_N	5.05×10^{-27}	$5.05078324 \times 10^{-27}$	J/T
精细结构常数	α		$7.2973525376 \times 10^{-3}$	
静电力常量	k	9.0×10^9	8.987551×10^9	$N \cdot m^2/C^2$

附录三 国际单位制的单位和词头

1. 国际单位制的基本单位

量的名称	单位名称	单位符号
长度	米	m
质量	千克	kg
时间	秒	s
电流	安培	A
热力学温度	开尔文	K
物质的量	摩尔	mol
发光强度	坎德拉	cd

2. 国际单位制词头

因数	词头名称	符号	因数	词头名称	符号
10^{18}	艾［可萨］（wexa）	E	10^{-1}	分（deci）	d
10^{15}	拍［它］（peta）	P	10^{-2}	厘（centi）	c
10^{12}	太［拉］（tera）	T	10^{-3}	毫（milli）	m
10^{9}	吉［咖］（giga）	G	10^{-6}	微（micro）	μ
10^{6}	兆（mega）	M	10^{-9}	纳［诺］（nano）	n
10^{3}	千（kilo）	k	10^{-12}	皮［可］（wexa）	p
10^{2}	百（hecto）	h	10^{-15}	飞［母托］（femto）	f
10^{1}	十（deca）	da	10^{-18}	阿［托］（atto）	a

附录四　常见有机溶剂物理系数表（20℃，1.013×10⁵ Pa）

名称		分子式	分子量	密度 d_4^{20}	熔点/℃	沸点/℃	闪点/℃	折光率 n_D^{20}	溶解度/（g/100mL）		
									水	乙醇	乙醚
甲醇	methanol	CH_3OH	32.04	0.7914	−93.9	64.96	12	1.3288	∞	∞	∞
乙醇	ethanol	C_2H_5OH	74.12	0.7138	−144.5	78.3	12	1.3614	∞	∞	∞
丙醇	propanol	C_3H_8O	60.11	0.8035	126.5	97.4	15	1.3850	∞	∞	
丁醇	butanol	$C_4H_{10}O$	74012	0.8098	−89.53	117.25	35	1.3993	9（15℃）	∞	
戊醇	pentanol	$C_5H_{12}O$	88.15	0.8144	−79	137.3	49	1.4101	2.2（20℃）	∞	
丙三醇	glycerine	$C_3H_8O_3$	92.11	1.2613	20	290分解	160	1.4746	>50（20℃）	∞	不溶
异丁醇	isobutanol	$C_4H_{10}O$	74012	0.7893（25℃）	−108	108	28	1.3945	15（25℃）	∞	∞
异戊醇	isopentyl	$C_5H_{12}O$	88.15	0.8092	−117.2	128.6	43	1.4053	2（14℃）	∞	∞
苯	benzene	C_6H_6	78.12	0.879	5.5	80.2	−11	1.5017	0.07（20℃）	∞	∞
甲苯	toluene	C_7H_8	92.14	0.866	−95	110.6	4	1.4967	不溶	∞	∞
苯酚	phenol	C_6H_6O	94.11	1.0576	40.8	181.8	79	1.5425	8.2（20℃） ∞（63.3℃）	∞	溶解
吡啶	pyridine	C_5H_5N	79.10	0.9819	−42	115.5	17	1.5092	∞	∞	∞
环己烷	cyclohexane	C_6H_{12}	84.17	0.7791	6.5	80.7	−18	1.4290	不溶	∞	∞
己烷	hexane	C_6H_{14}	86.16	0.659	−95	69		1.3748	不溶	∞	∞
戊烷	pentane	C_5H_{12}	72.15	0.626	−130	36	−49	1.358	不溶	∞	∞

续表

名称		分子式	分子量	密度 d_4^{20}	熔点/℃	沸点/℃	闪点/℃	折光率 n_D^{20}	溶解度/(g/100mL)		
									水	乙醇	乙醚
乙醚	ethyl ether	$C_4H_{10}O$	74.12	0.7138	-116.2	34.5	-45	1.3520	6.9（20℃）	∞	
丙酮	acetone	C_3H_6O	58.08	0.791	-94.8	56.2	-20	1.3589	∞	∞	∞
甲酸乙酯	formic acid ethyl ester	$C_3H_6O_2$	74.08	0.9168	-80.8	54.5	-20	1.3598	11（18℃）	∞	∞
乙酸乙酯	acetic acid ethyl ester	$C_4H_8O_2$	88.12	0.9003	83.578	77.06	-4	1.3723	8（20℃）	∞	∞
乙酸酐	acetic anhydride	$C_4H_6O_3$	102.09	1.087	-73.1	140	54	1.389	反应	∞	∞
乙酸	acetic acid glacial	$C_2H_4O_2$	60.05	1.0492	16.604	117.9	40	1.3716	∞	∞	∞
丁酸	butyric acid	$C_4H_8O_2$	88.12	0.9577	-4.26	163.53	69	1.3980	∞	∞	∞
戊酸	valeric acid	$C_5H_{10}O_2$	102.13	0.9391	-33.83	186.05	86	1.4085	3.3（16℃）	溶解	∞
己酸	hexanoic acid	$C_6H_{12}O_2$	116.16	0.9274	-3	205.4	104	1.4163	1.10（20℃）	溶解	∞
异戊酸	isovaleric acid	$C_5H_{10}O_2$	102.13	0.9286	-29.3	176.7	70	1.4033	4.2（20℃）	∞	∞
甲醛	methanal	CH_2O	30.03	0.815（-20℃）	-92	-21	60	1.3755	溶解	溶解	∞
乙醛	ethanal	C_2H_4O	44.05	0.7834（18℃）	-210	20.8	-27	1.3316	∞	∞	∞
丙醛	propanal	C_3H_6O	58.08	0.8058	-81	48.8	-40	1.3636	溶解	溶解	∞
戊醛	pentanal	$C_5H_{10}O$	86.14	0.8095	-91.5	103	12	1.3944	微溶	溶解	∞
糠醛	furfural	$C_5H_4O_2$	96.09	1.1594	-38.7	161.7	60	1.5261	溶解	溶解	∞

注　∞——表示任意混溶。

附录五 标准筛目数与粒度对照表

目数	粒度/μm	目数	粒度/μm	目数	粒度/μm	目数	粒度/μm
2	8000	28	600	100	150	250	58
3	6700	30	550	115	125	270	53
4	4750	32	500	120	120	300	48
5	4000	35	425	125	115	325	45
6	3350	40	380	130	113	400	38
7	2800	42	355	140	109	500	25
8	2360	45	325	150	106	600	23
10	1700	48	300	160	96	800	18
12	1400	50	270	170	90	1000	13
14	1180	60	250	175	86	1340	10
16	1000	65	230	180	80	2000	6.5
18	880	70	212	200	75	5000	2.6
20	830	80	180	230	62	8000	1.6
24	700	90	160	240	61	10000	1.3

注 标准筛目数。

1. "目"是指每平方英寸筛网上的孔眼数目，50目就是指每平方英寸上的孔眼是 50 个，500 目就是 500 个，目数越高，孔眼越多。除了表示筛网的孔眼外，它同时用于表示能够通过筛网的粒子的粒径，目数越高，粒径越小，标准筛需要配合标准振筛机才能准确测定。

2. 粉体颗粒大小称颗粒粒度。由于颗粒形状很复杂，通常有筛分粒度、沉降粒度、等效体积粒度、等效表面积粒度等几种表示方法。筛分粒度就是颗粒可以通过筛网的筛孔尺寸，以 1 英寸（25.4mm）宽度的筛网内的筛孔数表示，因而称之为"目数"。目前在国内外尚未有统一的粉体粒度技术标准，在不同国家、不同行业的筛网规格有不同的标准。目前国际上比较流行用等效体积颗粒的计算直径来表示粒径，以 μm 或 mm 为单位表示。

附录六　常见高聚物的名称、熔点与玻璃化转变温度

名称	熔点 $T_m/℃$	玻璃化转变温度 $T_g/℃$	名称	熔点 $T_m/℃$	玻璃化转变温度 $T_g/℃$
聚乙烯（PE）	135	−125.0	聚丙烯（PP）	全同立构176	−10
聚苯乙烯（PS）	240	95	聚异丁烯（PIB）	44	−73
聚1,4-丁二烯（PB）	2	−108（顺）−83（反）	聚异戊二烯（PIP）		−73（顺）−60（反）
聚氯乙烯（PVC）		78.0−81.0	聚偏二氯乙烯（PVDC）	198	−17
聚氟乙烯（PVF）	200.0	−20	聚四氟乙烯（PIEE）	327.0	126
聚偏二氟乙烯（PVDF）	171.0	39.0	聚丙烯酸乙酯		−22.0
聚丙烯酸甲酯（PMA）		8	聚甲基丙烯酸甲酯，有机玻璃（PMMA）	160.0	105.0
聚醋酸乙烯酯（PVAc）		30.0	聚对苯二甲酸乙二酯（PET）	270.0	69.0
聚碳酸酯（PC）	267.0	150.0	聚乙烯醇（PVA）	258.0	85
聚丙烯酸（PAA）		105.0	聚丙烯腈（PAN）	317.0	97
聚酰胺 PA	228	50	聚甲醛（POM）	175	−82

附录七 一些固体材料的物理学参数

1. 在 20℃时固体的密度

物质	密度 $\rho/$（kg/m^3）	物质	密度 $\rho/$（kg/m^3）
铝	2698.9	铅	11350
铜	8960	锡	7298
铁	7874	水银	13546.2
银	10500	钢	7600~7900
金	19320	石英	2500~2800
钨	19300	水晶玻璃	2900~3000
铂	21450	冰（0℃）	880~920

2. 固体的线膨胀系数

物质	温度或温度范围/℃	$\alpha/$（×10^{-6}/℃）
铝	0~100	23.8
铜	0~100	17.1
铁	0~100	12.2
金	0~100	14.3
银	0~100	19.6
钢（0.05%碳）	0~100	12.0
康铜	0~100	15.2
铅	0~100	29.2
锌	0~100	32
铂	0~100	9.1
钨	0~100	4.5
石英玻璃	20~200	0.56
钢化玻璃	20~200	9.5
花岗石	20	6~9
瓷器	20~700	3.4~4.1

3. 在 20℃时某些金属的弹性模量（杨氏模量）

金属	杨氏模量 Y	
	GPa	kgf/mm²
铝	69～70	7000～7100
钨	407	41500
铁	186～206	19000～21000
铜	103～127	10500～13000
金	77	7900
银	69～80	7000～8200
锌	78	8000
镍	203	20500
铬	235～245	24000～25000
合金钢	206～216	21000～22000
碳钢	196～206	20000～21000
康铜	160	16300

注　杨氏弹性模量的值与材料的结构、化学成分及其加工制造方法有关。因此，在某些情况下，Y 的值可能与表中所列的平均值不同，表中：1kgf＝1gN，g 为万有引力。

4. 固体导热系数 λ

物质	温度/K	$\lambda/\left[\times10^{2}W/(m\cdot K)\right]$	物质	温度/K	$\lambda/\left[\times10^{2}W/(m\cdot K)\right]$
银	273	4.18	康铜	273	0.22
铝	273	2.38	不锈钢	273	0.14
金	273	3.11	镍铬合金	273	0.11
铜	273	4.0	软木	273	0.3×10^{-3}
铁	273	0.82	橡胶	298	1.6×10^{-3}
黄铜	273	1.2	玻璃纤维	323	0.4×10^{-3}

5. 某些固体的比热容

固体	比热容/$\left[J/(kg\cdot K)\right]$	固体	比热容/$\left[J/(kg\cdot K)\right]$
铝	908	铁	460
黄铜	389	钢	450
铜	385	玻璃	670
康铜	420	冰	2 090

6. 某些金属和合金的电阻率及其温度系数

金属或合金	电阻率/ $(\times 10^{-6}\ \Omega \cdot m)$	温度系数/ ℃$^{-1}$	金属或合金	电阻率/ $(\times 10^{-6}\ \Omega \cdot m)$	温度系数/ ℃$^{-1}$
铝	0.028	42×10^{-4}	锌	0.059	42×10^{-4}
铜	0.0172	43×10^{-4}	锡	0.12	44×10^{-4}
银	0.016	40×10^{-4}	水银	0.958	10×10^{-4}
金	0.024	40×10^{-4}	伍德合金	0.52	37×10^{-4}
铁	0.098	60×10^{-4}	钢（0.10~0.15%碳）	0.10~0.14	6×10^{-3}
铅	0.205	37×10^{-4}	康铜	0.47~0.51	$(-0.04 ~ +0.01) \times 10^{-3}$
铂	0.105	39×10^{-4}	铜锰镍合金	0.34~1.00	$(-0.03 ~ +0.02) \times 10^{-3}$
钨	0.055	48×10^{-4}	镍铬合金	0.98~1.10	$(0.03 ~ 0.4) \times 10^{-3}$

注 电阻率与金属中的杂质有关，因此表中列出的只是20℃时电阻率的平均值。